나는 통계적으로
판단한다

DEKIRU HITO WA TOUKEISHIKOU DE HANDAN SURU

ⓒ Takuya Shinohara

Korean translation rights arranged with Mikasa-Shobo Publishers Co., Ltd., Tokyo

through Japan UNI Agency, Inc., Tokyo and Duran Kim Agency

나는 통계적으로
판단한다

재밌게 단련하는 35가지 레슨

시노하라 타쿠야 지음 **이승룡 · 김성윤** 옮김

i!i
에이콘

에이콘출판의 기틀을 마련하신 故 정완재 선생님 (1935-2004)

| 지은이 소개 |

시노하라 타쿠야篠原拓也

주식회사 닛세이 기초연구소 보험연구부 주임연구원으로, 공익 사단 법인 '일본 계리사협회' 정회원이다. 1969년 도쿄에서 출생했으며, 와세다대학교 공학부 수학과를 졸업했다. 1992년 일본 생명보험상호회사에 입사한 뒤 2014년부터 현재까지 닛세이 기초연구소에서 일하고 있다. 통계 이론을 바탕으로 한 보험사업의 경영 리스크 관리 연구를 비롯해 보험상품의 수익성 위험 평가, 사망률과 질병 발생률 분석, 사회 보장 제도(의료 및 간호) 조사 등을 진행한 바 있다. 이 책은 그동안 연구한 지식을 '통계사고'라는 형태로 집약해 일상생활에서 활용하는 방법을 알기 쉽게 전하고 있다.

닛세이 기초연구소: http://www.nli-research.co.jp/

인생에서 매 순간
'후회하지 않을 판단'을 할 수 있다

지금은 정보를 이해하는 방법에 따라 인생이 크게 달라지는 **'정보격차** Digital Divide **사회'**다.

"무엇이 진실이고 무엇이 거짓인가?", "무엇이 유익하고 무엇이 무익한가?" 같이 정보를 어떻게 판단하느냐에 따라 머리를 쓰는 방법, 시간 사용법, 소비 습관 등 모든 것이 달라지게 된다. 결국 인생이란 '정보를 어떻게 판단했는지를 모아놓은 것'이라고도 할 수 있다.

이 책에서는 정보격차 사회를 '강하고 현명하게' 살아가는 데 유용한 **'통계사고**統計思考**'**라는 사고 방법을 소개한다. 통계사고는 정보가 올바른지를 **객관적으로 분석**하고, **적절한 판단을 내리게 하는 합리적인 사고 방법**이다.

나는 닛세이[1] 기초연구소의 보험연구부 주임연구원으로, 통계 이론에 근거한 보험사업 경영, 리스크 관리 등을 연구하고 있다. 그전에는 보험 계리사(보험 수리 전문가)[2]로 보험상품 개발과 리스크 관리 등의 업무를 담당했다. 이런 업무를 하면서 깊이 깨달은 바가 있었는데, 바로 **"사람은 감정이 있는 생명체이며 언제나 합리적인 판단을 할 수 있는 것은 아니다."**라는 점이다. 사람이 하는 판단은 한 순간의 감정에 따라 쉽게 흔들린다. 다음은 이를 증명하는 실험이다. 함께 생각해보자.

어느 레스토랑에서 저녁 식사로 코스 메뉴를 주문하려고 한다.

레스토랑에는 A, B, C의 세 가지 코스 메뉴가 있으며, A 코스 가격은 6만원, B 코스는 5만원, C 코스는 4만원이다. 가격이 비쌀수록 고급 요리가 나온다고 한다.

자, 당신이라면 어떤 코스를 선택하겠는가?

실험 결과 중간 가격대인 B 코스를 선택하는 사람이 가장 많았다. B 코스를 선택한 사람은 "A 코스는 가격이 제일 비싸서 사치스럽고, 맛이 없다면 충격이 클 것이다.", "C 코스는 가장 저렴하지만 이 코스

---

1   닛세이(Nissay): 일본의 2대 생명보험회사인 일본 생명보험상호회사(Nippon Life Insuarance Company)로, 니혼세이메이(Nihon Seimei) 또는 닛세이라고 부른다. - 옮긴이

2   보험 계리사(actuary): 수리 통계학을 기초로 보험 및 연금 분야에서 위험을 평가하고 분석해 불확실성과 리스크를 종합적으로 해결하는 직무를 담당하는 사람을 말하며, 보험 계리인, 보험 수리사라고도 부른다(출처: https://ko.wikipedia.org/wiki/보험계리인). - 옮긴이

를 선택하면 식당 직원이나 다른 손님에게 인색한 사람으로 보일 것이다."라고 생각했던 모양이다. 이 사례는 심리학에서 유명한 '**타협 효과**compromise effect'3 또는 '**극단 회피성**'이라고 한다.

그럼 이 레스토랑 메뉴에서 A 코스를 없애면 어떻게 될까? 결과적으로 C 코스를 선택하는 사람이 늘었다고 한다. 선택할 수 있는 코스 중에서 'B 코스가 중간이고 C 코스가 극단'이라는 구도가 무너지고, 단순히 가격적인 면에서 C 코스 가격이 저렴해 최선의 선택이라고 느꼈기 때문이다. 정보(코스 메뉴)를 보여주는 방법에 따라 손님의 선택이 달라진 것이다.

통계사고는 삶의 가까운 곳에서 많은 도움을 주는 사고 방법이다. 계산대에서 순서를 기다릴 때 "어느 줄에 서야 가장 빨리 내 차례가 올까?", 산더미처럼 쌓인 업무 중에서 "어느 일을 최우선으로 하면 작업이 효율적으로 돌아갈까?" 같은 일상적인 상황뿐만 아니라 진학, 취업, 결혼, 내 집 마련 같은 인생의 고비에서도 통계사고를 사용하면 망설임 없이 적절한 판단을 내릴 수 있다. 물론 이 정보가 '진실'인지 '거짓'인지, 이 전략이 '유리'한지 '불리'한지, 이 선택은 '이익'인지 '손해'인지, 이 리스크는 '안고 갈 것'인지 '피할 것'인지 등 다양한 비즈니스 상황에서도 통계사고는 여러분의 판단을 크게 도와줄 것이다.

---

3   여러 대안 가운데 양극단을 배제하고 중간에 위치한 대안을 고르는 심리 현상을 말한다. – 옮긴이

그런 의미에서 통계사고란 '**문제를 해결하고 인생을 개척하는**' 사고 방법이라고 할 수 있다. 부디 함께 즐기면서 통계사고를 몸에 익히기를 바란다.

시노하라 타쿠야

| **옮긴이 소개** |

이승룡

오픈 플랫폼 개발자 커뮤니티[OPDC]에서 에반젤리스트로 활동하고 있다.
책을 좋아한다.

김성윤

시민의 일상을 뒷받침하는 대형 시스템을 운영하고 있다. 매일같이 발
생하는 거대 데이터를 적시에 적절히 활용하는 방법에 관심이 많다.

번역을 마무리하는 시점에 전 세계가 코로나19 팬데믹에 휩싸였다. 눈을 뜨면 들려오는 뉴스는 온통 코로나의 위력으로 가득 차 있다. 사람들이 자연스럽게 이 책에서 언급하는 '기초감염재생산수^{R_0}'나 '집단 면역' 같은 전문 용어를 사용하기 시작했다. 게다가 각국의 코로나 확산 그래프와 통계를 비교하며 코로나 확산에 비관하기도 하고, 소멸 시기를 예측해보기도 한다. 코로나19 팬데믹 시대야말로 통계가 그 가치를 발휘하는 시점이다.

그렇지 않아도 우리는 TV, 인터넷, 스마트폰 등 다양한 미디어 속에서 매일 새로운 정보와 통계가 쏟아져 나오는 세상에 살고 있다. 아침에 출근하면서 코로나 감염 현황을 확인하고, 회의에 필요한 데이터를 찾아서 통계 보고서를 작성하고, 사용자 데이터 통계를 활용한 맛집 추천 서비스를 이용하는 모습이 어색하지 않은 세상이다. 이렇게 일상생활에서나 비즈니스 현장에서 많은 정보와 데이터를 한눈에 알아보기 쉽게 정리된 통계가 자주 활용되고 있다.

그런데 이렇게 쉽게 접하는 통계 정보는 정말 올바른 정보일까?

이 책은 통계라는 개념을 알기 쉽게 설명하고, 통계를 이해하는 것이 어떤 선택 상황에서 객관적이고 올바른 선택을 할 수 있게 하는지 알려주는 실용서다. 또한 우리가 쉽게 접하는 모든 정보를 단순하게 받아들여 믿을 것이 아니라, 통계사고를 통해 해당 정보를 합리적으로 의심하며 통계의 거짓말을 알아차리는 방법을 알기 쉽게 설명한다. 반대로 생각하면 통계를 사용해 그럴듯한 거짓말을 할 수 있는 방법을 알려주는 유용한 책일 수도 있겠다(웃음).

다양한 비즈니스 상황에서도 통계사고는 여러분의 판단을 여러모로 도와줄 것이다. 그런 의미에서 통계사고란 '우리의 생활을 좀 더 현명하게 대처할 수 있게 해주는 사고 방법'이라고 할 수 있다.

독자 여러분 모두가 함께 즐기면서 통계사고를 몸에 익혔으면 좋겠다.

끝으로 책 내용을 꼼꼼히 리뷰해 주신 서경석 님에게 고마움을 전하며, 언제나 좋은 책을 출판해 주시는 에이콘출판사에도 감사의 말을 전하고 싶다. 마지막으로 옆에서 항상 응원해주는 가족과 친구들에게도 감사의 마음을 전한다.

2020년 여름

| 목차 |

1장   그 정보는 진실일까? 거짓일까?
: 추측하는 힘

2장 그 전략은 유리할까? 불리할까?
: 결정하는 힘

3장　그 선택은 이익일까? 손해일까?

　　: 본질을 꿰뚫어보는 힘

4장　리스크를 피할까? 안고 갈까?

: 단순하게 생각하는 힘

5장 그 결과는 타당할까? 부당할까?
: 유연하게 생각하는 힘

그 정보는
진실일까? 거짓일까?

: 추측하는 힘

통계사고로 판단하면 보이지 않던 것이 보인다

■ ■

우리는 매일 수많은 '불확실한 상황'에 둘러싸여 살고 있다. '재해'를 예측하기는 매우 어려우며, '내일의 날씨'조차 확실하다고 할 수 없다. 오히려 우리 주변에 **'확실한 것은 없다'**고 말해도 될 정도다.

"단편적으로 얻을 수밖에 없는 데이터에서 어떻게 전체를 추측할 것인가?", "데이터를 올바르게 분석해 미래를 어떻게 예측할 것인가?"...

사실 "이렇게 하면 100% 확실하게 추측할 수 있다."고 말할 수 있는 방법은 없다. 추측에는 **어떻게 해도 불확실성이 남을 수밖에 없다.** 하지만 통계학에서 추측의 정확도를 높이는 방법을 찾으려는 다양한 연구가 시도되고 있다. 특히 추측 통계학(일부분으로 전체를 추측하는 학문) 분야에서 추측의 정확도를 높이는 연구가 활발히 진행 중이다. 1장에서는 그 일부분을 **'통계사고'를 이용해 구체적으로 소개**한다.

통계사고에서 추측은 '알려진 사실이나 현재 상황을 통계 데이터로서 이해하고, 이 데이터를 바탕으로 알지 못하는 일을 미뤄 짐작하는 것'이다. 즉 추측하는 힘을 키우려면 **'통계 데이터를 올바르게 이해하는 것'이 가장 중요하다**고 할 수 있다. 통계 데이터를 올바르게 이해하려면 데이터를 올바르게 보는 방법을 알아야 한다. 왜냐하면 통계 데이터는 의도적으로 보여주는 방법을 다르게 하면 쉽게 조작할 수 있기 때문이다.

한국인의 수면 시간을 예로 살펴보자. 수면 시간이 짧은 수도권 거주자의 데이터만을 표본으로 삼으면 '모집단母集團'인 한국인 전체의 수면 시간이 실제보다 더 짧게 보여진다. 반면, 수면 시간이 길었던 30년 전의 데이터를 사용하면 현재보다 수면 시간이 길게 나타난다. 또한 일반적인 평균 수면 시간은 7~8시간인데 그 추이를 그래프로 나타낼 때 세로축을 0~10시간으로 하면 변화가 작게 보이고, 7~9시간으로 하면 변화가 크게 보인다.

이처럼 통계 데이터는 자의적으로 조작할 수 있으므로 통계 데이터를 볼 때는 표본 추출 방법, 데이터의 연월일, 그래프 축에 주의해야 한다. 통계 데이터를 '살아있는 정보'로 추측에 활용하려면 해당 **데이터가 의미하는 바를 올바르게 이해해야** 한다. 1장에서는 통계사고를 사용해 추측하는 힘을 기르는 9가지 방법을 소개한다.

줄을 설 때 '몇 분이나 기다릴지'를 바로 알 수 있다

: '리틀의 법칙'으로 현명하게 선택한다

사물을 한눈에 어림잡을 수 있는 기술은 의외로 유용하다. 한눈에 어림잡을 수 있다는 것은 빠르게 대략적으로 파악할 수 있다는 의미다. 이 기술은 사물을 추측하거나 복잡한 것을 단순화하는 데 있어서 매우 중요하다. 사실 수학을 이용해 한눈에 어림잡을 수 있는 효과적인 방법이 많이 있다. 대표적인 경우가 **줄을 설 때 대기 시간을 추정하는 방법**이다. 이 방법을 바탕으로 대략적으로 파악하는 것이 어떻게 도움이 되는지 살펴보자.

사람들은 줄서기를 좋아하는 것 같다. 인기 있는 곳에는 바로 대기 줄이 길게 늘어선다. 놀이공원의 놀이기구, 유명한 레스토랑, 인기 게임과 신기종 스마트폰 발매일의 매장 앞 등 곳곳에서 긴 줄이 생긴다. TV에서도 자주 볼 수 있는 장면이다.

설레고 두근거리는 즐거움을 얻을 수 있다면, 줄서기가 그리 힘든 일은 아니라고 생각하는 사람이 많은 것이다. 하지만 길게 줄이 서 있으면 누구라도 **"앞으로 몇 분을 기다려야 하지?"**라고 생각하지 않을까? **대기 시간을 알고 싶다**는 생각은 줄을 서서 기다리는 사람이라면 누구나 생각하기 마련이다. 특히 기다림이 힘들다고 느껴질 때에는 초초한 마음도 더해져 그 생각이 더 강해질 것이다.

늘어선 줄의 길이가 비교적 짧으면 기다리는 시간을 추정하기가 쉽다. 어느 역 창구에서 내 앞에 10명이 기다리고 있고, 1분에 1명씩 일을 처리한다고 가정해보자. 이때 대기 시간은 10분으로 추정할 수 있으며, 창구에서 1명에게 걸리는 시간이 대체로 거의 비슷하고, 새치기하는 얌체 같은 사람이 없다는 등의 전제 조건이 있어야 한다. 그럼 줄이 더 길어지면 대기 시간을 어떻게 추정하면 좋을까?

대기 시간을 특정할 수 없는 '**장사진**'을 떠올려보자. 줄을 선 지 얼마 되지 않았다면 줄의 맨 끝에서부터 자신까지 대략 몇 명이나 서 있는지 어림잡을 수 있지만, 1분 동안 몇 명이 입장했는지는 전혀 알 수 없다. 생각만 해도 짜증 나는 일이지만 그래도 대기 시간을 알 수 있으면 기다리는 쪽에서도 기다리고 싶은 의욕이 생길 수도 있다. 무슨 좋은 방법이 없을까?

리틀의 법칙

이럴 때는 '리틀의 법칙Little's law'이 도움이 된다. 미국 매사추세츠공과 대학의 존 리틀John Little 교수가 케이스 웨스턴 리저브대학Case Western Reserve University에서 근무할 때 발표한 법칙이다. 사업 계획을 세우는 등 의 경영상 다양한 문제를 수학적 방법을 이용해 해결책을 찾는 **오퍼레 이션 리서치**operation research라는 연구 분야에서 잘 알려져 있다.

리틀의 법칙에서는 자신이 줄을 선 뒤 1분 동안 몇 명이 더 줄을 섰는 지를 계산한다. 자기 앞에 서 있는 인원수를 어림잡고, 그 인원수를 1분 동안 자신의 뒤에 늘어선 인원수로 나눈다. 그 답이 대기 시간의 추정 결과인 것이다. 실제로 계산해보자.

놀이공원에서 관람차를 타려고 승강장 앞에 갔다. 승강장 앞에 100여 명이 늘어선 긴 줄이 있다고 하자. 자신이 줄을 서고 나서 1분 동안 뒤 에 5명이 줄을 섰다면 계산 방법은 다음과 같다.

> **100명을 5명으로 나누면 이 긴 줄의 '대기 시간은 20분'으로 추측할 수 있다.**

정말 쉽지 않은가! 리틀의 법칙을 이용할 때 추정 시간이 맞으려면, 줄 의 길이가 동일하게 변하지 않아야 한다는 조건이 지켜져야 한다. 즉 1분 동안에 일을 마치는 인원수와 1분 동안 행렬 뒤에 늘어선 인원수가 같고, 줄의 길이가 늘지도 줄지도 않는 것이 조건이다. 이 법칙은 사회의 다양한 상황에서 응용되고 있다.

예를 들어 공장에서 제품을 생산하는 상황을 살펴보자. 어느 작업 공정에서 현재 50개의 재료를 투입구에 넣기 위해 기다리고 있다고 가정해보자. 이렇게 기다리는 작업 공정에서 1분 사이에 새롭게 10개의 재료가 추가로 투입됐다고 가정하자. 리틀의 법칙을 이용하면 이 공정에서 재료가 투입되기까지의 **추정 대기 시간은 '50 나누기 10으로 5분'**이 된다. 계산된 추정 대기 시간이 원래 예상했던 시간보다 긴 것 같으면 해당 원인을 분석하고, 이 공정 시간의 효율을 높일 필요가 있다.

리틀의 법칙을 사용해 **줄의 대기 시간을 제어**할 수도 있다. 예전에 미국의 한 도로 톨게이트에서는 열어둘 게이트 개수를 결정할 때 각 게이트 앞에서 줄을 서는 차량의 수를 20대 이내로 제한하는 방법을 이용했다. 즉 줄을 서는 차량이 20대가 넘을 것 같으면 닫혀 있던 게이트를 여는 것이다. 이 톨게이트에서 초당 1대의 차량이 새로 줄에 추가되면 차량의 대기 시간은 최대 20초가 된다. 이와 같이 **대기 시간을 조절해 운전자의 초조함을 억제하고 사고 발생을 막았다**고 한다.

이 법칙을 응용해 점포별 판매 효율도 측정할 수 있다. A와 B라는 2개의 햄버거 매장이 있다고 생각해보자.

A 매장은 12명의 손님이 줄을 서 있고, 1명의 대기 시간은 3분이다.
B 매장은 10명의 손님이 줄을 서 있고, 1명의 대기 시간은 2분이다.

이 줄에서 '앞으로 몇 분'을 기다려야 하나?

리틀의 법칙

대기 시간

100명 ÷ 5명

= 20분

ENTER

약 100명의
대기 줄

1분
사이에
뒤로
5명이
줄을
선다.

A 매장에서는 1분당 4명이 새로 줄을 섰으므로 계산식은 12÷x=3이고, B 매장은 1분당 5명이 줄을 섰기 때문에 계산식은 10÷x=2가 된다. 줄 길이만 보면 A 매장이 더 붐비는 것처럼 보이지만, **판매 효율성 관점에서 고객의 인기를 비교해보면** B 매장이 더 인기가 많다는 사실을 알 수 있다.

어떤가? 어림잡아 추정하는 방법이 의외로 도움이 될 것 같지 않은가?

나비의 작은 날갯짓이
먼 곳의 태풍을 일으킨다?

: '결과'보다 '초기 조건'을 다시 본다

지금은 변화가 심해서 앞을 내다보기 힘든 시대다. 이럴 때일수록 **미래를 예측하는 힘**이 있다면 틀림없이 큰 도움이 될 것이다. 미래에 일어날 일을 예상해 사전 대비나 준비 행동을 할 수 있기 때문이다. 생활 주변에서 미래를 예측하는 경우를 찾아보면 일반적으로 주가 동향이나 기업의 경제 활동, 혹은 기상 등의 자연현상 예측을 예로 들 수 있다. 만약 미래 예측의 결과가 나쁘다면 누구라도 불안한 마음이 생길 것이다. 하지만 실제로는 크게 걱정할 필요는 없을 것 같다. **왜냐하면 예측에는 오차가 따라오기** 때문이다. 예측 시점에서 오차가 크면 클수록 그에 비례해 결과의 신뢰도는 낮아진다.

예측 오차란 어떤 것이고, 왜 발생할까? 도대체 미래를 예측하려면 어떻게 하면 좋을까? 통계사고로 알아보자.

우선 예측하는 데 필요한 '모델'과 '수식'을 만든다. 다음으로 현재 상태를 바탕으로 '초기 조건'을 설정하고, 이에 기초한 데이터를 모델과 수식에 입력한다. 그러고 나서 컴퓨터로 계산하고 예측을 진행시켜 나간다.

미래를 예측하는 데 있어 기억해야 할 중요한 점이 있다. 바로 **'초기 조건이 중요하다'**는 것이다. 초기 조건을 조금만 변경하더라도 예측 결과가 극단적으로 바뀔 수 있다. 다음의 계산 사례를 살펴보자.

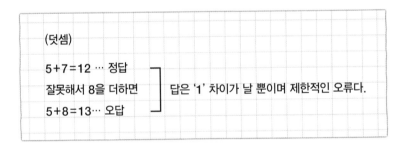

먼저 덧셈을 살펴보자. 5에 7을 더하는데 이때 잘못해서 7 대신 8을 더했다면, 정답인 12가 아닌 13이라는 오답이 나온다. 물론 이런 계산은 틀렸지만, 오답은 정답과 1만큼의 차이가 날 뿐이므로, **오류는 '제한적'**이라고 할 수 있다. 그럼 거듭제곱 계산은 어떨까?

```
(거듭 제곱 계산)

5⁷ = 78125 … 정답
잘못해서 5의 8제곱을 하면          답은 '한 자릿수'나 차이가 나는
5⁸ = 390625 … 오답            큰 오류가 생긴다
```

5의 7제곱 대신 잘못해서 5의 8제곱을 계산해 버렸다고 하자. 7제곱일 때 정답은 78125지만, 8제곱은 390625라는 한 자릿수나 많은 틀린 답이 나온다. 이것은 큰 오류다. 즉 초기 조건의 아주 작은 오류가 덧셈에서는 작고 제한적이었지만, **거듭제곱에서는 엄청나게 큰 오류를 만들어 버린 것이다.**

수학 용어에서는 덧셈 같은 관계를 **선형**, 거듭제곱 계산 같은 관계를 **비선형**이라고 부르는데, 조금 생소한 용어일 수도 있겠다.

대략적으로 설명하면 변수 a와 변수 b가 직선 관계에 있다면 선형이라고 한다. 즉, a가 증가하면 b도 동일한 수준으로 늘어난다. 직선 그래프를 생각해보면 좋겠다. 비선형은 그 이외의 관계를 말한다. 중요한 것은 **세상에서 일어나는 일의 대부분은 비선형 관계**라는 점이다. 실제로는 여러 변동 요소를 변수로 해서 변수 사이에서 거듭제곱과 그 거듭제곱의 거듭제곱 같은 매우 복잡한 비선형 관계를 갖고 움직인다고 생각할 수 있다. 그렇다. 직선처럼 이해하기 쉬운 관계는 그렇게 많지는 않다. 남녀 관계를 보더라도 복잡 그 자체다(조금 이야기가 빗나갔다).

나비 효과

초기 조건의 차이가 결과에 어떤 영향을 미치는지는 '카오스 이론'이라는 학문 분야에서 연구되고 있다. 카오스 이론에는 '나비 효과butterfly effect'라는 유명한 이야기가 있다. '나비 효과'는 컴퓨터를 사용해 자연현상의 발생을 예측하는 연구에서 "브라질에 있는 나비 한 마리의 날갯짓이 미국 텍사스주에서 발생하는 태풍으로 이어질 수도 있다는 결과가 나왔다."라는 이야기에서 나왔다.

즉, 복잡한 계산에 따라 미래를 예측하려고 해도 **초기 조건의 작은 차이가 결과에 큰 차이를 가져오기 때문에 확실성이 높은 예측은 어렵다**는 것이다. 1960년경 에드워드 로렌츠Edward Lorenz라는 미국 기상학자가 입력 데이터의 반올림 자릿수를 조금 바꿨을 뿐인데 전혀 다른 예측 결과로 이어지는 사실을 발견하고, 이 현상을 나비 효과라고 이름 붙였다.

예측할 때 빠지기 쉬운 함정은 초기 조건을 확인하지 않고 결과만 보고 마는 것이다. 하지만 조금 전에 살펴봤듯이 예측에는 오류가 존재하기 마련이다. 그러므로 예측 결과를 제대로 판단하려면 먼저 초기 조건의 변화가 결과에 얼마나 영향을 미치는지 침착하게 확인하자. 이것이 통계사고로 판단하는 요령이다.

예측 결과를 신뢰할 수 있을까?

'생산 수량'은 '제조 번호'로 추측할 수 있다

: 일부를 보고 '전체를 파악'하는 방법

어떤 상황을 추측할 때는 **전체의 수**數**를** 대략적으로 **파악**하는 능력이 중요하다. 어떤 제조사가 판매한 상품 중에 불량품이 발생했다고 하자. 소비자의 불만 전화가 끊이지 않으니 더 이상 피해가 발생하지 않도록 빨리 조치를 취해야 한다. 대책을 세우려면 불량품이 얼마나 시중에 나돌고 있는지를 추측해야 한다. 이런 일이 벌어지면 느긋하게 시간과 노력을 들여 정확한 숫자를 알아맞히는 것보다도 신속하게 대략적인 수를 추측할 수 있는 능력이 필요하다. 전체 수량을 대략이라도 추측할 수 있다면 대응책을 마련할 수 있기 때문이다. 현장의 지혜라고 할 수 있겠다. 어떻게 하면 간단히 전체 수를 추측할 수 있을까?

통계학에는 '**통계적 추론**statistical inference'이라는 학문 분야가 있다. 정보와 데이터를 바탕으로 통계적 기법을 사용해 모집단을 추측하는 학문이다. 이 통계적 추론에는 여러 가지 방법이 존재하는데, 그중 하나가 **일부 정보로부터 전체 모습을 파악하는 방법**이다. 다음 예를 통해 일부 정보로 전체 모습을 파악하는 방법을 살펴보자.

> (예) 고급 손목시계 생산 수량 추정
>
> 어떤 시계 회사에서는 맞춤 주문으로 만드는 고급 손목시계에 생산연도를 표시하는 번호와 함께 1, 2, 3처럼 하나씩 증가하는 일련 번호를 붙인다. 특정 연도에 만든 손목시계 10개를 무작위로 꺼내 일련 번호를 확인했더니 다음과 같은 숫자가 나왔다.
>
> **415 252 150 693 528 115 684 760 86 325**
>
> 이 제조사가 해당 연도에 손목시계를 몇 개나 생산했는지 추측할 수 있겠는가?

'추측하지 말고 처음부터 직접 생산 회사에 물어보면 될 일'이라고 생각할 수도 있겠다. 맞는 말이긴 하지만, 이런 추측이 필요한 문제에는 보통 제약 조건이 붙기 마련이다. 게다가 세상에는 온갖 기업 비밀이 넘쳐난다. 이 회사도 예외가 아니며, 생산 능력이 기업 비밀이라 고급 손목시계의 생산 수량을 알려주지 않는다고 가정하자.

전체 모습을 파악해보자!

이 고급 손목시계는
1년 동안 몇 개나 생산될까?

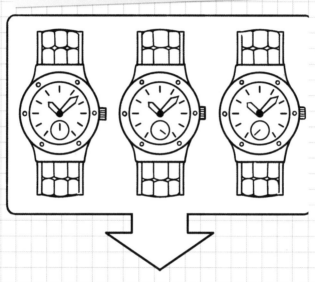

일련 번호를 살펴보자.

| 415 | 252 | 150 | 693 | 528 |

| 115 | 684 | 760 | 86 | 325 |

가장 큰 숫자는   760

계산하면……

$$760 \div 10 - 1 = 75$$
$$760 + 75 = 835$$

즉, 답은 835개

일련번호 중 가장 큰 숫자가 760이므로 시계 회사는 해당 연도에 고급 손목시계를 최소 760개 만들었을 것이다. 문제는 이것보다 얼마나 추가로 생산했는지를 추측해야 하는 것이다. 이때는 '꺼낸 개수로 최대값을 나눈 뒤 해당 값에서 1을 뺀 수만큼 최대값에 더한다'가 통계적으로 좋은 추측 방법이다.

이번 예에서는 75개(760÷10-1)를 더하면 된다. 즉, 시계 회사는 해당 연도에 고급 손목시계를 835개(760+75) 정도 만들었다고 추측할 수 있다. 물론 이는 어디까지나 추측이므로, 실제 생산 수량이 딱 835개라는 걸 보증하진 않는다. 그러나 생산 수량이라는 기준을 추측할 수 있다는 점에서 이 방법이 상당히 도움이 되리라 생각한다.

독일 전차 문제

사실 앞서 살펴본 예는 '독일 전차 문제 German Tank Problem'라는 유명한 추측 방법을 바꾼 문제다. 2차 세계대전 중 독일의 전차 부대는 강력한 군사력을 자랑했다. 연합군 측은 독일 전차 부대의 군사력이 알고 싶어 다양한 첩보 활동을 벌이며 그 상황을 살폈다. 이런 첩보 활동 중에서 한 달에 전차가 몇 대나 생산되는지도 알고 싶었다. 그래서 연합군 측은 독일 전차에 붙어 있는 일련 번호를 이용해 고급 손목시계의 예와 동일한 추측을 수행했다. 전쟁이 끝난 후에 구 독일군 문서가 공개되자 추측 값과 문서에 기록된 실제 생산 수량을 비교했다. 그 결과 이 추측 방법이 실제 생산 수량을 매우 정확히 알아맞혔다는 사실이 밝혀졌다.

일련 번호가 붙어 있는 제품에는 고급 손목시계나 탱크 외에도 유명 브랜드의 만년필, 오랜 전통을 가진 기업에서 만든 기타와 트럼펫 등 여러 가지가 있다. 제품 이외에도 회원제로 운영되는 조직에서는 대부분 1번부터 순서대로 구성원에게 회원 번호를 부여한다. 인기가 많은 음식점 등에서는 대기 손님에게 1번부터 차례대로 번호표를 나눠 주기도 한다. 일상 속에서 어떤 사물에 1, 2, 3처럼 번호를 부여하는 일은 자주 있다.

사업뿐만 아니라 일상생활에서도 일부 정보밖에 얻을 수 없는 때가 종종 생긴다. 이때야말로 **단편적인 정보로 전체 모습을 파악하는 통계사고는 분명 도움이 된다.**

불량품은 '언제, 어디서' 발생할까?

: 통계 '패러독스'에 속지 않기

같은 정보라도 **어떻게 바라보는가에 따라 결론이 바뀔** 때가 있다. 특히 통계에서는 데이터 가공 방법에 따라 결과가 완전히 바뀌어 버리기도 한다. 그러므로 **데이터를 자의적으로 가공하지 않았는지 판단하는 능력**이 필요하다.

통계에는 '사물의 우열을 단적으로 드러낼 수 있는' 장점이 있다. 또 데이터를 사용해 정량적으로 결과를 표시한다는 점에서 보는 사람이 유야무야할 수 없을 만큼 강력한 설득력을 갖는다. 한편 통계는 데이터를 모으고 해석하는 사람에게 악의가 있을 때는 **잘못된 가치나 판단에 엮이기 쉬운 단점**도 있다. 통계는 '양날의 칼'인 셈이다.

심슨의 패러독스

통계가 사람을 속이는 요소에는 여러 가지 패러독스가 있다. 그중 유명한 것이 '심슨의 패러독스Simpson's paradox'로, 영국의 통계학자인 에드워드 H. 심슨Edward H. Simpson이 제시한 것이다. 간단히 소개해 보겠다.

어떤 전자제품 회사는 제1공장과 제2공장을 소유하고 있다. 또 공장마다 A 제품과 B 제품을 생산하는 2개의 생산 라인이 있다. 일반적으로 제품을 만들 때 어느 정도 불량품이 발생하는 것은 피할 수 없다. 그래서 각 회사는 가급적 불량률을 줄이려고 노력한다. 불량률을 낮추려면 불량품이 발생하는 원인이 어느 공정에 있는지, 어느 기계에서 발생하는지를 추측해 밝혀낼 필요가 있다. 그러려면 먼저 불량품 발생 실태를 통계적으로 파악해야 한다.

이 전자제품 회사의 제1공장과 제2공장에서도 불량률을 낮추려고 품질 관리에 애쓰고 있다. 그럼에도 불량품이 발생한다. 그래서 검품 과정에서 불량품을 파악한 뒤 생산 라인에서 제거한다. 어느 날 불량률을 조사해보니 A 제품의 불량률은 제1공장에서 5%, 제2공장에서 7%였다. B 제품의 불량률은 제1공장에서 2%, 제2공장에서 4%였다. 이를 44페이지 표 1에 정리해보면 A, B 제품 모두 제1공장쪽이 불량률이 낮았으며, 제1공장쪽이 더 나은 품질관리 결과를 보여줬다.

그런데 여기서 A 제품과 B 제품의 생산량을 합쳐 공장별 전체 생산량 대비 불량률을 살펴보면 어떻게 될까? 공장별 생산량 대비로는 44페이지 표 2에서 보듯이 제2공장이 제1공장보다 불량률이 약간 낮다는 결과를 얻었다. 각 공장의 전체 불량률로 살펴보니 제2공장쪽이 양호하다는 **정반대의 결과를** 얻게 되다니 신기한 일이다. 왜 이런 일이 발생할까? 트릭을 밝혀보면 이는 제1공장과 제2공장에서 제조하는 제품이 다른 데에 원인이 있다.

제1공장은 불량품이 발생하기 쉬운 A 제품 위주로 생산한다. 한편 제2공장은 불량품이 잘 나오지 않는 B 제품을 주로 생산한다. 그 결과 제품별로는 제1공장이 불량률이 낮음에도 불구하고 공장별 불량률을 살펴보면 B 제품을 많이 생산하는 제2공장 쪽이 불량률이 낮다는 결론을 얻게 된다. 이를 어떻게 평가하면 좋을까? '제품별 불량률'이 낮은 제1공장이 더 낫다고 해야 할까? 아니면 '총 불량률'이 낮은 제2공장이 더 낫다고 해야 할까? 불량률 실적 수치만 볼 것이 아니라 품질관리 대처 자세 등 여러 측면을 함께 평가할 필요가 있다.

이 **심슨의 패러독스를 악용하면** 어떻게 될까? 앞서 살펴본 '불량품 발생 현황'이 조사돼 공개됐다고 하자. 결과만 보면 제1공장 담당자는 A, B 제품의 불량률을 각기 평가해야 한다고 주장할 것이다.

제2공장 담당자는 개별 제품의 불량률은 제쳐 두고, 제품 전체 생산량 대비 불량률이 중요하다고 주장할 것이다. 양쪽 모두 통계를 편리한 대

품질관리가 우수한 공장은 어디일까?

표 1. A와 B 제품을 개별로 본 경우

	A 제품			B 제품		
	생산수량	불량품 수	불량률	생산수량	불량품 수	불량률
제1공장	800개	40개	5%	200개	4개	2%
제2공장	200개	14개	7%	1,800개	72개	4%

제1공장이
우수하다!

표 2. A와 B 제품을 합쳐서 본 경우

	A와 B 제품의 합계		
	생산수량	불량품 수	불량률
제1공장	1,000개	44개	4.4%
제2공장	2,000개	86개	4.3%

이번엔 제2공장이
우수하다!

로 해석함으로써 **자신에게 유리한 평가나 판단을 유도하려는 움직임**이라고 할 수 있다. 여러분이 평가자라면 쉽게 속아 넘어가서는 안 된다.

통계는 데이터와 수치로 표현하므로 교섭이나 논의가 유리하게 진행되도록 할 수 있으며, 절대적인 위력을 발휘한다. 그러므로 더더욱 통계를 다루는 법, 통계 결과를 받아들이는 법에 주의를 기울여야 한다. 심슨의 패러독스가 나타내는 것처럼 통계를 자신에게 유리하게 해석한 뒤 유리한 부분만 강조해 표시하면 통계 자체의 신뢰성을 잃게 될 수 있다. 통계 데이터나 수치에 무언가 자의적인 조작이 가해지진 않았을까? 데이터나 수치를 해석하는 방법을 바꾸면 결론이 바뀌지 않을까? 데이터나 수치를 바탕으로 하는 정보는 액면 그대로 받아들일 것이 아니라 일단 멈춰 서서 스스로 생각해보는 습관을 들이도록 하자.

가게 혼잡도는 대략
'좌석 수의 60%'에 수렴한다

: 사람은 의외로 '확률적'으로 행동한다

현대 사회의 특징 중 하나는 여러 모로 붐빈다는 것이다. 매년 설이나 추석 때면 귀성 인파로 철도와 도로가 매우 혼잡하다. 유명한 음식점 주변에는 언제나 기다리는 사람으로 장사진을 이룬다. 놀이동산에서 인기 있는 놀이기구를 탈 때도 대기 줄이 2~3시간이나 걸릴 때도 있다. **'붐비는 것은 불쾌'**하다고 생각하는 경향이 있는데, 꼭 그렇다고만 할 수는 없다.

예를 들어 혼자서 카페나 레스토랑에 들어갔더니 자신을 제외하고는 다른 손님이 아무도 없다면 어떨까? "가게를 독점할 수 있어 운이 좋네"라고 긍정적으로 생각하면 좋겠지만, 대부분은 어딘지 불안한 기분이 들지도 모른다.

"이 가게는 인기가 없나? 과거에 뭔가 문제가 있어서 그 때문에 손님이 안 오는 걸까? 음식이 맛이 없나? 아니면 가격이 비싼가? 혹시 직원의 태도에 문제가 있나?" 등등 신경을 쓰기 시작하면 멈출 수 없을지도 모른다. 즉 "붐비는 것은 싫어"라면서도 **"전혀 붐비지 않는 것도 싫어"**라고 할 수 있다. 사람이란 정말 제멋대로인 존재인 것이다.

엘 파롤 바 문제

그럼 유명한 가게가 붐비는 정도는 어떻게 정해지는 걸까? 이 문제와 관련한 게임 이론 중 '엘 파롤 바 문제The El Farol bar problem'라 불리는 연구가 있다. 엘 파롤은 미국 뉴멕시코주 산타페에 있는 유명한 바 이름이다. 작은 가게이므로 좌석 수의 60%까지만 손님이 차면 모든 손님이 기분 좋게 느낄 수 있지만, 그 이상 좌석이 차서 혼잡해지면 손님 모두 불쾌감을 느끼게 된다. 손님은 가게가 어느 정도 붐비는지 가게에 오기 전까지는 알 수가 없다. 또한 다른 손님이 올지 안 올지도 알 수 없다.

이런 상황에서 이 유명한 바가 붐비는 정도는 어느 선에서 맞춰질까? 또 어떻게 추측할까?

바에 와서 편안하다고 생각했던 사람은 또 올 것이다. 한편 불쾌감을 느꼈던 사람은 당분간은 바에 갈 생각을 하지 않을 것이다. 즉, 붐비는 정도가 정원의 60%까지였을 때 왔던 손님은 다음에도 다시 가고 싶다고 생각할 것이고, 60% 이상일 때 왔던 손님은 당분간 가게에 가지 않겠다고 생각할 것이다. 만약 모든 손님이 이전에 바를 방문했을 때의 즐거움이나 불쾌함만을 기준으로 재방문한다면 가게 혼잡도는 매일 변동이 심할 것이다. '이전에 바를 기분 좋게 느꼈던 사람은 반드시 다음 날 다시 온다', '불쾌하다고 느낀 사람은 반드시 다음 1주간은 바를 방문하지 않으며 그 이후에 온다'는 법칙에 따를 때 바의 혼잡도는 격렬하게 상승하거나 하락한다. 이처럼 **모두가 같은 법칙에 따라 행동한다고 가정하면 바의 혼잡도는 매우 혼잡하거나 매우 한산한 것처럼 한쪽으로 치우치게 된다.**

그럼 손님이 확률적으로 행동한다면 어떻게 될까? 이전에 기분 좋게 느꼈던 사람은 다음 날 높은 확률로 가게에 다시 온다. 불쾌감을 느꼈던 사람은 다음 날 낮은 확률로 가게에 온다. 이렇게 통계사고에 따라 손님이 확률적으로 행동한다는 전제를 설정하면, 바의 혼잡도는 서서히 좌석수의 60%에 수렴하게 된다. 실제로 검증 실험을 해본 결과 혼잡도는 60% 정도에 도달하는 결과가 나왔다. 이는 손님 개개인이 자신의 체험을 바탕으로 다음 선택을 하지만, 이에 한정되지 않고 **확률적인 행동을 하기 때문에 적당한 균형이 만들어진다**는 의미다.

예를 들어 이전에 기분 좋게 느꼈던 사람 중에는 다음엔 다른 사람에게 바를 방문할 기회를 양보하려고 할 수도 있다. 반대로 전에 불쾌감을 느꼈던 사람 중에는 불쾌감에 굴하지 않고 다음 날 또 바에 가는 사람이 있을 수도 있다. 이처럼 사람의 행동은 한 가지 법칙만 따르는 것이 아니라 여러 가지 패턴을 따른다고 볼 수 있다. 그러므로 바를 방문할지 여부가 확률적으로 정해진다고 전제하면 전체 혼잡도가 적당한 균형을 유지하게 된다.

확률이라고 하면 왠지 수학적으로 정밀하다고 생각할지도 모르겠다. 그러나 실제로는 사람이 매일 무심코 하는 행동에는 확률적인 요소가 많이 포함돼 있다. 그러므로 **사람의 행동은 '통계사고'로 설명할 수 있는 것이다.**

슈퍼마켓에 요리 재료를 사러 갔다고 해보자. 특별 판매 상품을 보고 별 생각 없이 예정에 없던 쇼핑을 할 수도 있다. 반대로 사려던 식재료 가격이 비싸서 이번엔 구입을 포기할 수도 있다. 이런 일은 누구나 일상에서 경험하고 있는 것이다. 일상생활에서는 그다지 의식하지 않아도 여러 사항을 결정하고 있다. **크게 신경 쓰지 않고 내리는 판단에 따라 적절한 균형이 나타나는 것**은 실제로 자주 있는 일이다.

귀성 정체, 유명 음식점의 긴 줄, 북적이는 놀이공원 모두 사람들이 크게 의식하지 않고 내린 판단 결과라고 할 수 있다. 애당초 혼잡한 것이 정말 싫다면 혼잡한 상황을 피할 방법을 여러 가지로 생각하기 마련이다. 그러나 혼잡 속에 몸을 맡기거나 기나긴 줄에 서 있는 사람들은 굳이 혼잡을 피하려는 행동을 하지 않는다. 사실 대기 줄에 서 있는 사람들은 **마음 속으로 균형이 잡힌 혼잡을 기분 좋게 느끼고 있을 수도** 있다.

바의 혼잡도는 어떻게 정해지는가?

손님이 확률적으로 행동하면

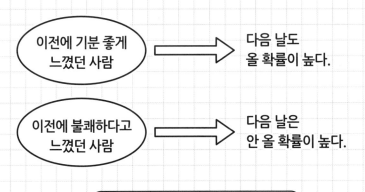

이전에 기분 좋게 느꼈던 사람 ⟶ 다음 날도 올 확률이 높다.

이전에 불쾌하다고 느꼈던 사람 ⟶ 다음 날은 안 올 확률이 높다.

그 결과 가게 혼잡도는 좌석 수의 60%에 맞아 떨어진다.

사람은 단순한 이론에 따라 행동하지 않고 확률적인 행동을 한다고 보는 편이 현실 세계에 더 잘 맞는 것 같다.

'노력은 보상받는다'는 말은 통계적으로 타당한가?

: 어느 날 갑자기 '재능이 결실을 맺는' 법칙

일이나 사물의 변화를 예측하려면 사전에 **패턴을 파악해 두는 것이** 중요하다. 어느 지점에서 하루 사이에 기온이 변화하는 패턴, 사람들 사이에서 감염병이 발생해 확산되는 패턴, 나라의 연령별 인구 구성이 변화하는 패턴 등 사물의 변화에는 어떤 패턴, 즉 통계적인 경향이 있기 때문이다. 예측이 타당한지 아닌지를 확인하려면 **예측 결과와 그 패턴을 비교**하는 방법이 효율적이다. 다양한 상황에서 공통으로 볼 수 있는 패턴을 한 가지 예를 들어 생각해보자.

많은 사람이 매일 업무와 공부, 스포츠 등 다양한 일에 노력을 기울인다. 그러나 많이 노력했다고 해서 반드시 그만큼의 보상을 받을 수 있는 것이 아님을 우리는 잘 알고 있다. 한편 업무 능력이 비약적으로 향상되거나 공부하던 분야의 이해가 깊어지거나 스포츠에서 자신의 기록을 갱신하는 것처럼 어느 날 갑자기 벽을 '돌파'하는 때가 있다.

시그모이드 함수(S자 곡선)

이는 기울인 노력과 성과를 단순히 비례 관계로 연결할 수 없음을 나타낸다. 이러한 노력과 성과 관계를 나타내는 유명한 계산식이 있다. 약학 분야에서는 '시그모이드 함수Sigmoid function'로 불리는 계산식이 있는데, 이 함수는 복용하는 약의 투여량과 약효 간의 관계를 나타낸다. 55페이지에 나오는 그래프를 살펴보자.

투여량과 약효의 관계는 단순한 비례 관계가 아니라는 사실을 알 수 있다. 투여량이 적을 때는 용량을 조금씩 늘리더라도 약효가 그만큼 늘진 않는다. 그러나 투여량이 어느 정도에 도달하면 약효가 급격히 증가한다. 그 뒤에는 용량을 계속 늘려도 약효의 증가 폭이 줄어든다. 이처럼 시그모이드 함수는 S자 형태를 띠고 있으므로 'S자 곡선'이라고도 불린다. 약학에서는 이 함수로 의약품 효과와 부작용, 약의 독성이나 상호작용 등의 연구를 수행한다.

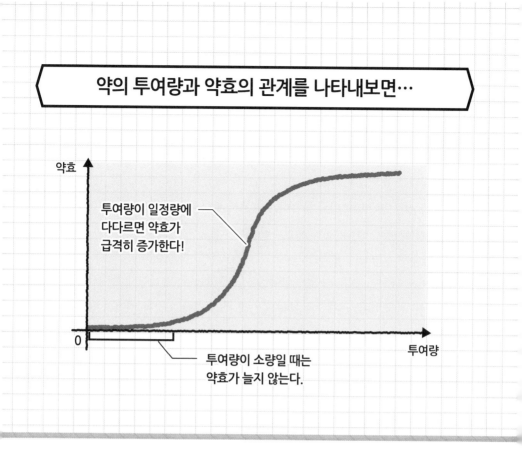

약의 투여량과 약효의 관계를 나타내보면…

약효

투여량이 일정량에
다다르면 약효가
급격히 증가한다!

0

투여량

투여량이 소량일 때는
약효가 늘지 않는다.

S자 곡선은 약학 이외의 분야에서도 볼 수 있다. 예를 들어 특정 감염
병이 아직 면역을 갖지 못한 사회에 퍼져 나가는 양상도 S자 곡선을 따
른다. 인간에서 인간으로 감염되는 새로운 감염병에 걸린 사람이 한 명
있다고 해보자. 먼저 이 사람의 가족이나 친구처럼 주위에 있는 사람
에게 감염이 확산된다. 이 단계에서는 사회 전체 인구 중 감염자의 비
율은 아직 낮은 상태다. 그러나 2차, 3차 감염 등으로 진행되면 감염자
수가 급격히 증가한다. 그 뒤 많은 사람이 감염돼 이 병에 면역력을 갖
게 되면 감염자 수는 이전만큼 늘지 않는다.

S자 곡선은 신제품이 보급되는 추이에도 적용된다. 가전제품이나 정보 기기 등의 보급은 S자 곡선을 따르는 전형이라고 할 수 있겠다. 우리나라의 경우 1980년대 시작되는 컬러 TV 보급에서부터 1990년대의 PC 보급, 최근 스마트폰 보급 등은 모두 S자 곡선을 띄고 있다. 이처럼 S자 곡선은 병이 감염되는 모습이나 제품이 보급되는 모습을 나타내므로 **'성장곡선**(또는 생장곡선)'이라고도 부른다.

사실 S자 곡선은 많은 사람이 일상적으로 경험한다. 출근이나 통학할 때 타는 전철을 생각해보자. 역을 출발해 다음 역에 도착할 때까지 전철의 속도는 일정하지 않다. 역을 출발하면 전철은 서서히 속도를 올리며 일정한 속도에 도달하게 되고, 그 후부터 잠시 동안 속도를 그대로 유지하며 달린다. 그 다음 역에 가까워지면 서서히 속도를 늦춰 가다가 마지막엔 조용히 정차한다. 차를 운전할 때도 마찬가지다. 이처럼 전철 주행 시간을 가로축으로 하고 이동한 거리를 세로축으로 해서 S자 곡선을 그리듯이 달리면, 부드럽게 가속하거나 감속할 수 있게 돼 승객의 승차감을 좋게 할 수 있다.

이번에는 스포츠를 예로 들어 기울이는 노력을 가로축으로, 성과를 세로축으로 해보자. 초보자의 경우 조금만 훈련해서는 시합이나 경기대회에서 좋은 결과를 얻지 못한다. 그러나 꾸준히 노력한 결과 어느 경지에 이르면 갑자기 기량이 좋아져 시합 등에서 좋은 결과를 낼 수 있게 된다. 흔히 말하는 **'도가 트인 상태'**가 그것이다. 이렇게 되면 이제 현재 상태보다 더 높은 경지에 오르려는 목표를 갖고 노력을 계속하게 된다. 그렇지만 이번에도 새로운 목표에 걸맞는 완벽한 경기를 하지는 못하며, 이런 일이 반복된다. 스포츠 선수는 분명 S자 곡선처럼 성장한다고 말할 수 있을 것이다.

어떤가? 지금까지 계속해온 노력이 결실을 맺지 못한다고 도중에 포기하는 것이 얼마나 아까운 일인지를 이해하게 됐을 것이다. 노력하기 힘들 때는 성장곡선을 떠올리며 힘을 내보자.

어느 날 갑자기 벽을 돌파한다!

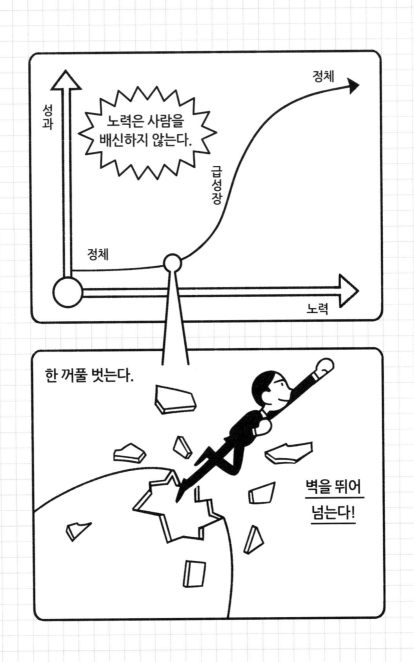

'커피를 마시면 병에 걸린다'는 진짜 이유는?

: 잘못된 결과를 낳는 '교란 요인'

일에는 분명 '원인'과 '결과'가 있다. 만약 이 **'인과관계'**를 추측하는 것이 가능하다면 나쁜 상황을 좋은 상황으로 개선할 수도 있으며, 나쁜 상황이 발생하는 것을 피할 수도 있다. **'기온과 아이스크림 매출의 관계'**, **'사회 빈곤율과 건강 격차의 관계'** 등 통계학, 마케팅 및 사회정책 등 다양한 분야에서 인과관계를 추측한다. 의료 분야에서는 병이 발생하는 메커니즘을 연구하는 역학疫學 분야에서 활발하게 사용한다.

역학은 사람들의 건강 상태나 질병에 대한 통계학을 사용해서 해명하는 학문이다. 역학에서는 예로부터 '사람, 원인, 환경'이라는 세 가지 요소가 갖춰졌을 때 병이 발생한다는 사고 방법이 논의돼 왔다.

예를 들어 우리나라에서는 매년 겨울에 독감이 유행한다. 독감의 원인은 인플루엔자 바이러스다. 인플루엔자 바이러스에 대한 대책으로 백신을 접종해 예방하는 노력을 기울이고 있다. 인플루엔자 바이러스에 감염됐다고 해서 반드시 독감에 걸리는 것은 아니다. 사람에 따라 발병하기도 하고 발병하지 않기도 한다. 일반적으로 체력이 약한 영유아나 고령자는 독감에 걸리기 쉽지만, 청장년 세대는 체내 면역체계가 인플루엔자 바이러스 확산을 억제하므로 잘 발병하지 않는다고 한다. 또 같은 체력을 가진 사람이라 하더라도 주변 환경에 따라 발병 가능성에 차이가 날 수 있다. 직장이나 학교에서 화장실 세면대에 비누를 항상 구비해 손씻기를 강조할 때와 그렇지 않을 때는 인플루엔자 바이러스 확산 속도에도 당연히 큰 차이가 있을 것이다.

역학의 목적은 **'인간의 질병과 원인 사이의 인과관계'**를 밝히는 것이다. 즉 'A라는 원인'으로 'B라는 병(결과)'에 걸린다는 사실을 밝혀내는 것을 말한다. 여기서 문제는 A(원인), B(결과)와는 별개로 C라는 사실이 있으며, C가 A와 B 사이의 인과관계에 영향을 미치는 경우다. 이러한 C를 '교란 요인confounding factor'이라 한다. 간단히 말하자면 'A와 B 사이에 어떤 별도의 요인이 숨겨져 있다'는 것이다.

엄밀히 말해 C가 교란 요인이면 다음의 세 가지 조건을 만족한다.

① C(사실)가 A(원인)와 관련이 있다.

② C(사실)가 B(결과)와 관련이 있다.

③ C(사실)가 A(원인) 및 B(결과)의 중간 인자가 아니다.

참고로 중간 인자란 원인과 결과 사이에 있는 것으로, 원인에서 영향을 받아 결과에 영향을 주는 것을 말한다. 이를 그림으로 나타내면 다음과 같다.

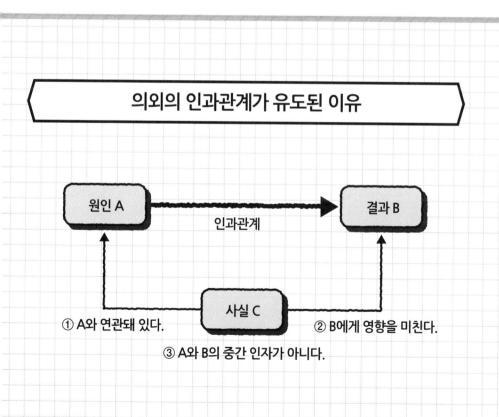

역학에서 인과관계를 검토할 때는 다른 교란 요인이 존재하는 건 아닌지 추측해보는 것이 중요하다. **교란 요인을 무시하면 뜻밖의 인과관계가 도출**될 수 있기 때문이다.

최근 연구에서 커피는 혈관 내의 혈액이 굳어 생기는 혈전을 억제하는 효과가 있어서 뇌졸중이나 급성 심근경색을 방지하는 효과가 나타났다. 그러나 어떤 조사에서는 이와 반대로 커피를 자주 마시는 사람이 뇌졸중에 걸리기 쉽다는 인과관계가 나타났다. 참 곤란하다. 이럴 때는 교란 요인이 존재하는지 의심해봐야 한다. 이런 역학 조사에서는 흡연이 교란 요인일 때가 자주 있다.

> 실제로 커피를 마시는 사람 중 담배를 피우는 사람이 많이 있다(조건 ①).
> 흡연은 뇌졸중 발병에 영향을 준다고 알려져 있다(조건 ②).
> 흡연은 커피와 뇌졸중의 중간 인자는 아니다(조건 ③).

이처럼 흡연은 커피를 마시는 것(원인)과 뇌졸중 발병(결과) 사이에서 교란 요인의 조건을 만족한다. 그러므로 이 조사에서는 도출한 인과관계에서 흡연이 주는 영향을 제외하고 재검토할 필요가 있다.

교란 요인의 영향을 제거하는 몇 가지 방법이 알려져 있다. 앞서 살펴본 커피와 뇌졸중의 인과관계를 살펴보자. 먼저 흡연자를 조사 대상에서 제외하는 방법을 고려할 수 있다. 또 커피를 자주 마시는 집단과 거의 마시지 않는 집단의 흡연자 비율을 균등하게 맞추는 방법도 고려할 수 있다. 이처럼 **조사 단계에서 조사 대상을 제어하는 것**은 교란 요인의 영향을 제거하는 방법 중 하나다.

또 다른 방법으로는 **조사 단계가 아닌 조사 결과를 분석하는 단계에서 교란 요인이 주는 영향을 살펴보는 방법**이 있다. 구체적으로는 커피를 자주 마시는 집단을 하나로 묶지 말고 흡연자와 비흡연자로 나눈 뒤, 네 집단을 통계적으로 분석하는 것이다. 단, 인과관계 분석이 어려울 때도 있다. 이 조사에서 흡연처럼 교란 요인 자체도 간단한 데다 교란 요인을 쉽게 찾을 수 있는 경우는 흔하지 않다. 교란 요인이 불분명하거나 여러 교란 요인이 복잡하게 추측 결과에 영향을 주는 일도 자주 발생한다. 그러므로 역학에서 인과관계를 검토할 때는 교란 요인을 신중하게 살펴봐야 한다.

이는 비단 역학에 한정된 얘기가 아니다. 예를 들어 남편 와이셔츠에 립스틱이 묻어 있는 걸 발견했다고 해서 **바로 남편이 바람을 피우고 있다고 추측하는 것**은 성급한 판단일 수 있다. 바람을 피우는 사람은 차를 자주 사용하고 바람을 피우지 않는 사람은 전철을 자주 탄다고 보면, 만원 전철로 통근하는 것이 교란 요인이므로 바람을 피우지 않는데도 립스틱이 와이셔츠에 묻었을 수도 있다. 물론 조금 억지스런 가정을 하긴 했다. "바람을 피우지 않는 사람은 전철을 자주 탄다."라고 하기엔 근거가 빈약하다.

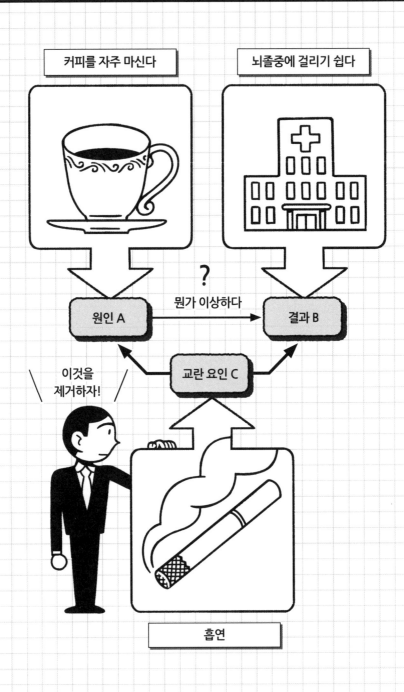

인과관계를 추측할 때 주의하지 않으면 특정 현상을 원인으로 단정한 뒤, 결과와 바로 연결시켜 **졸속으로 결론을 이끌어내기 쉬운 경향**이 있다. 깊게 생각하지 않고 인과관계를 추측했다고 느낄 때에는 추측 도중에 특정 교란 요인이 영향을 미치지 않았는지 의심해보는 신중한 자세가 필요하다.

슬럼프에서
'좀처럼 빠져나오지 못하는' 심리

: '두 번 발생한 일은 세 번 발생한다'는 법칙

'미래를 예측'할 때는 '**과거의 경험**'을 참고하는 것이 효과적이다. 전력 회사가 하루 중 최대 전력을 예측할 때나 기업이 사업 계획을 세울 때도 먼저 과거 경험을 살펴보는 것이 앞을 내다보는 지름길이라 할 수 있다. 단, 과거 경험을 살펴볼 때도 요령이 있다. 사업 계획을 세우는 방법을 예로 함께 생각해보자.

기업에서 사업 계획을 세울 때는 미래의 환경 변화를 고려해야 한다. 먼저 5~10년 동안 경영 환경이 어떻게 변화할지를 예측한다. 다음으로 앞서 예측한 내용을 기반으로 '중장기 경영 목표'와 '매년 달성 목표'를 수립하고 실현할 경영 계획을 세운다.

계획 수립에 있어 미래 환경 변화 전망을 세우는 것이 그 첫걸음이다. 이때 문제점이 하나 있는데, '미래의 경영 환경을 어떻게 전망할까'하는 점이다. 몇 십년 앞을 정확히 내다보기는 불가능하다. 그렇다 해도 적어도 앞으로 10년간 정도는 정확도가 높은 전망을 할 수 있지 않을까? 그래서 싱크 탱크나 경제 전문가 등이 어느 정도 전망을 공표할 수 있는 것이다. 물론 내용에 따라 미래 전망이 전혀 드러나지 않을 때도 있다. 이때는 **'지금까지의 추세가 앞으로도 계속될 것'**이라고 가정하며, 현재까지의 추세를 연장하는 방법을 자주 채택한다.

외삽 오류

그러나 현재까지의 추세를 연장하는 방법은 '외삽 오류extrapolation error'라는 문제를 일으킬 우려가 있다. 생소하겠지만 외삽 오류란 **통계적 기법을 이용해 미래를 예측할 때 과도하게 현재까지의 추세에 의존**하는 것을 말한다.

쉽게 말하면 **'두 번 발생한 일은 세 번 발생한다'**처럼 단순한 연관법으로 예측하는 식이다. 이처럼 단순하게 생각해서 외삽 오류에 빠지는 사람이 의외로 많다. 지금까지의 추세를 연장하면 '현상 유지'와 다를 게 없다. 이 같은 사고 방법은 어떤 의미로는 매우 매력적이다. 왜냐하면

"별 다른 검토 요소가 없어서 현재 상태 그대로 예측한다."고 설명하면 상사나 주변 동료의 이해를 쉽게 구할 수 있기 때문이다. 게다가 자기 자신을 변호하기에도 적합하다. 기존의 추세와 다른 결과가 나오더라도 "그때는 이 추세가 검토 요소에 없었으므로 예상할 수 없었다. 할 수 없다."라고 변명할 수도 있다.

스포츠 세계에서 외삽 오류는 '뜨거운 손hot hand 오류'라고 부른다. 이는 행동경제학behavioral economics[1]에서 나온 전문 용어다. 뜨거운 손이란 운이 좋고 컨디션이 좋은 상태를 말한다. 즉, 뜨거운 손 오류에 빠지면 **'컨디션이 좋은 선수는 좋은 컨디션을 계속 유지하지만, 일단 컨디션이 나빠지면 부진을 벗어나기 어렵다'**고 생각하기 쉽다.

예를 들어 야구에서 어떤 타자가 컨디션이 좋아서 시합마다 연속해서 안타를 친다 했더니, 갑자기 원인 모를 슬럼프에 빠져 몇 십 타석을 연이어 범퇴한다. 또 농구에서 매 시합에서 수십 번 슛에 성공한 선수의 슛이 갑자기 들어가지 않기 시작한다. 이 선수들의 시합 결과가 계속되리라 생각하는 사람들은 뜨거운 손 오류에 빠져 있을지도 모르겠다.

그럼 외삽 오류를 피하려면 어떻게 하면 좋을까? 사실 이는 생각만큼 간단하지 않다. **사람은 과거의 경험에서 쉽게 벗어나지 못하기 때문**이다. 특히 해당 경험이 일이 잘 풀렸던 '성공 체험'이면 더더욱 그렇다. 그러

---

1 행동경제학(行動經濟學): 이성적이며 이상적인 경제적 인간(homo economicus)을 전제로 한 경제학이 아닌 실제적인 인간의 행동을 연구해, 어떻게 행동하고 어떤 결과가 발생하는지를 규명하기 위한 경제학이다(출처: https://ko.wikipedia.org/wiki/행동경제학). – 옮긴이

'현상 유지' 유혹에 지지 말자!

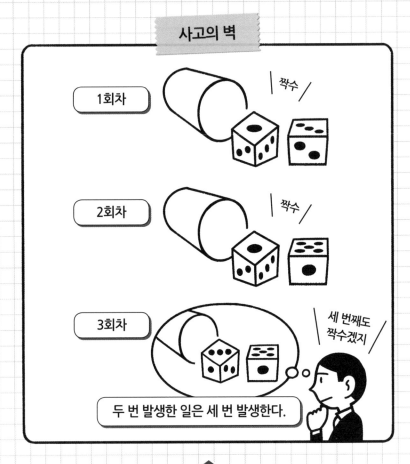

사고의 벽

1회차 — 짝수

2회차 — 짝수

3회차 — 세 번째도 짝수겠지

두 번 발생한 일은 세 번 발생한다.

이 벽을
부수자!

나 지금은 변화가 매우 심한 시대다. 주변 환경 변화에 맞춰 자신을 유연하게 변화시키지 않으면 잠깐 사이에 뒤처져버린다. 어떤 급격한 변화라 하더라도 반드시 어떤 조짐이 있기 마련이다. 예를 들어 스마트폰, LED 전구, 친환경 자동차 등 최근의 히트 상품은 본격적으로 보급되기 전에 여러 미디어에서 화제가 되고 있었다.

그러므로 먼저 추세 정보에 관심을 가져야 한다. 언제라도 안테나를 길게 펴고 **변화의 조짐을 붙잡을 수 있는 준비**를 해두자. 또 주변 환경 변화에 맞춰 자신의 행동을 어떻게 바꿔가야 할지 생각하는 습관을 들여야 한다. 이런 자세를 철저히 하는 것이 외삽 오류에 빠지는 것을 막는 요령이라 할 수 있다.

물론 미래를 예측했다고 해서 이를 고집해서는 안 된다. 정기적으로 예측과 현재 실적을 비교해서 유연하게 예측 내용을 수정해 가야 할 것이다. "어차피 미래란 알 수 없는 거야."라고 단정하는 무책임한 태도를 버리고, 현재 돋아나는 '변화의 싹'을 찾아내 놓치지 않고자 의식하는 것이 중요하다.

'키가 큰 사람은 체중이 많이 나간다'는 말은 타당할까?

: '회귀분석'의 함정에 주의하자

통계에서는 '**회귀분석**'이라는 기법을 자주 사용한다. 회귀분석이란 간단하게 말하면 **여러 사실 사이의 관계성을 밝히는 것**이다. 회귀분석은 일상생활 속 여러 곳에서 사용된다. 예를 들어 "어떤 고객들이 세단 타입 자동차를 구매할까?"처럼 자동차 판매회사에서 마케팅 리서치를 할 때도 회귀분석을 사용할 수 있다. 또 "3학년 2반의 국어와 영어 시험 결과에는 어떤 관계가 있을까?"처럼 학교 교육의 효과를 분석할 때도 사용할 수 있다. 회귀분석 내용은 정확하다고 느껴지기 때문에 많은 사람이 좀처럼 의심할 생각을 하지 못한다. 그러나 **회귀분석 결과를 쉽게 믿**

는 것은 금물이다. 회귀분석에서 어떤 점을 의심하면 좋을까? 구체적으로 알아보자.

회귀분석과 상관관계

실험과 관측 또는 설문조사 등에서 얻을 수 있는 데이터로 "ㅇㅇ가 원인이어서 ㅁㅁ라는 결과가 생긴다."는 추론을 했다고 하자. '키와 몸무게의 관계'가 이런 추론의 예로 자주 사용된다. 어느 성인 남성 집단을 두고 "키가 큰 사람은 몸무게가 무겁다."라고 추론했다고 하자. 가로축에는 키를, 세로축에는 몸무게를 놓고 분포도로 각 데이터를 표시해보면 대략적인 경향을 알 수 있다. 체격은 사람마다 제각각이라서 개중에는 키가 큰데 몸무게는 가벼운 사람이 있고, 키는 작은데 몸무게가 무거운 사람도 있다.

그렇다고 해도 일반적으로 체구가 큰 사람은 체구가 작은 사람보다 '키가 크고 몸무게가 무거운' 경향이 있다. **'키가 큰 사람은 몸무게가 무겁다'라는 추론은 대체로 정확하다**고 할 수 있다. 회귀분석은 이런 관계성을 그림으로 나타낼 때 사용된다. 회귀분석에서는 통계 기법을 사용해 분포도에 **데이터의 분포 경향을 나타내는 직선**을 그린다. 이 직선이 오른쪽 위를 향한다면 키가 크면 몸무게가 무겁다는 관계가 분포도에 나타난 것이다. 다음 그림을 살펴보자.

키와 몸무게 분포도

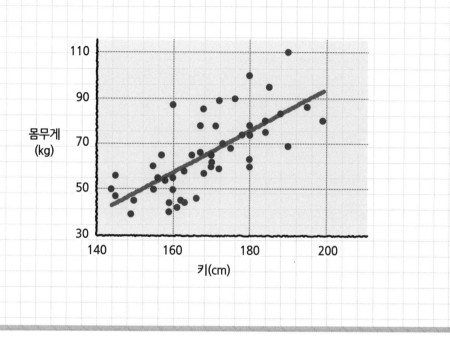

이 직선과 각 데이터 사이의 간격이 좁을수록 직선을 적절하게 그린 것이다. 가로축과 세로축의 상관관계 크기는 −1부터 +1까지의 숫자를 사용해 표시하며, 이 숫자를 상관계수라고 한다. 상관계수가 양수일 때는 **한쪽이 증가하면 다른 한쪽도 증가하는 양의 상관관계**다. '키와 몸무게의 관계'는 양의 상관관계다. 반대로 **한쪽의 수량이 증가하자 다른 한쪽의 수량이 줄어들면 이는 음의 상관관계**다. 상관계수 값이 +1이나 −1에 가까우면 **상관관계가 강하며**, 0에 가까우면 **상관관계가 약하다**고 한다.

회귀분석은 현재 표 계산 프로그램과 각종 통계 도구로 간단하게 수행할 수 있어서 여러 가지 통계 분석에 활용하고 있다. 그러나 회귀분석을 할 때는 숨어있는 몇 가지 함정에 주의해야 한다.

첫 번째는 **데이터 그룹을 세분화할수록 상관관계가 강해지지만, 비교해야 할 그룹이 많아지므로 결과가 복잡해진다는 것**이다. 예를 들어 키와 몸무게의 사례에서 집단을 20~39세, 40~59세, 60세 이상처럼 연령대로 그룹을 나누고, 각 그룹을 대상으로 회귀분석을 하면 그룹을 나누기 전보다 상관관계를 두드러지게 할 수 있다. 이는 언뜻 보기에는 괜찮아 보일 수 있지만 분석 결과가 여러 개로 나눠져서 복잡해지는 점에 주의해야 한다. 또 각 연령대 그룹을 다이어트를 하거나 열심히 운동하는 사람과 그렇지 않은 사람으로 나눈 뒤, 각 그룹을 대상으로 회귀분석을 하면 더 높은 상관관계를 얻을 수도 있다. 그러나 구분을 세분화하면 할수록 분석 결과도 복잡해서 이해하기 어려워지는 법이다.

두 번째로 **원인과 결과의 순서를 바꾸면 추론이 이상해진다는 것**이다. 회귀분석으로 양쪽의 관계를 직선으로 표시할 수 있지만 여기에는 **어느 쪽이 원인이고 어느 쪽이 결과인지, 즉 인과관계가 아무것도 드러나지 않는다**. 예를 들어 여러 도시에서 경찰관 수와 범죄율의 관계를 살펴보면 이 둘은 음의 상관관계가 있음을 알 수 있다. 이를 '경찰관이 많으면 범죄율이 감소한다'고 추론하는 것은 적절하다고 할 수 있겠다. 그러나 '범죄율이 낮으면 경찰관이 많아진다'고 추론하는 것은 너무도 이상하다.

세 번째는 **상관관계를 강제로 직선으로 나타내도 의미가 없다는 것이다.** 야구 시합에서 예비 투수를 예를 들어 불펜에서의 투구 수와 시합에서 투구 결과의 관계를 살펴보자. 예비 투수가 불펜에 있을 때 투구 연습을 하지 않으면 시합에서 좋은 결과를 낼 수가 없다. 그러나 불펜에서 지나치게 투구를 많이 하면 과로하게 돼 시합 결과에 악영향을 주게 된다. 즉, 불펜에서의 투구 수와 시합에서 투구 결과의 관계는 단순한 직선으로 나타낼 수 없다. 이럴 때는 직선을 고집하지 말고 곡선에 가깝게 표시하려고 해야 한다.

네 번째는 **회귀분석만으로 무리하게 추론하려 해서는 안 된다는 것이다.** 2000년대에 일본의 65세 이상 인구와 미국의 휴대전화 계약 건수는 양쪽 모두 증가했다. 회귀분석을 하면 이 둘은 강한 양의 상관관계가 나타난다. 그러나 상관관계가 나타났다고 해서 '2000년대에는 일본의 65세 이상 인구가 증가해서 미국 휴대전화 계약 건수가 늘었다'고 추론하는 것은 상식에 맞지 않는 일이다.

마지막으로 다섯 번째는 응용편으로, **여러 원인을 상정해 분석할 때 생길 수 있는 '다중공선성**多重共線性, multicollinearity**'이라는 문제**다. 내용이 조금 어려워서 건너뛰어도 되니 관심이 있는 독자는 읽기 바란다. 예를 들어 앞서 살펴본 경찰관 수와 범죄율 관계에 경찰차의 숫자도 포함시켜 '경찰관이나 경찰차의 수가 많으면 범죄율이 낮아진다'고 추론해보자. 이를 '**다중회귀분석**多重回歸分析'이라고 한다. 경찰관과 경찰차 수를 사용한 수식을 사용해 범죄율을 좀 더 세세하게 표시하려고 하는 것이다. 이때 '경찰차 수가 많으면 범죄율이 증가한다'는 분석 결과를 얻게 될 때가 있다. 이는 원인으로 상정한 경찰관 수와 경찰차 수 사이에 강력한 상관이 있을 때 발생한다. 수식상 '경찰관 수가 많으면 범죄율이 낮아진다'는 관계를 지나치게 강하게 이끌어내다 보니 경찰차 수와 범죄율의 관계가 이를 부정하듯 원래와는 반대 관계로 표시되는 것이다. 이때는 예를 들어 경찰관 수를 없애고 경찰차 수와 범죄율의 관계를 다시 분석할 필요가 있다.

지금까지 살펴본 것처럼 회귀분석에는 함정이 존재한다. 회귀분석은 당연히 **추론을 뒷받침하는 증거 중 하나**이긴 하지만 회귀분석만으로 **추론이 정확한지를 증명할 수는 없다.**

그 전략은
유리할까? 불리할까?

: 결정하는 힘

'가설'을 세워 생각하면 정확한 결정을 내릴 수 있다

■ ■

인생은 선택의 연속이다.

이 말은 극작가 윌리엄 셰익스피어가 『햄릿』에서 한 말이다. 우리는 선택해야 하는 다양한 순간을 매일 마주치며, 그때마다 결정을 내려야 한다. "어떤 옷을 입으면 좋을까?", "저녁 식사로 뭘 먹을까?", "휴일을 어떻게 보낼까?"처럼 '작은 결정'에서부터 진학, 취업, 결혼, 내 집 마련 등 인생을 좌우할 만한 '큰 결정'까지 그 내용은 다양하다.

문제는 **결정해야 할 대상이 중요할수록 쉽게 결정을 내릴 수 없다**는 것이다. '실패하고 싶지 않다'는 방어 본능 때문에 결정을 쉽게 내리지 못하기 때문이다. 고민거리는 정말 끝이 없다. 어떻게 하면 이것저것 망설이지 않고 올바른 결정을 내릴 수 있을까? 올바른 결정을 내리려면 사전에 정보를 '수집'하고 '분석'하는 일이 반드시 필요하다. 그렇다고 해도 함부로 정보를 모으는 게 좋은 것은 아니다. 정보를 수집하고 분석하는 데에도 요령이 있다.

통계사고에서는 **'결정하는 데 필요한 판단 근거'**를 모으는 것을 중요하게 생각한다. 먼저 자신의 결정이 정확함을 이끌어내려는 **가설을 세운 뒤 이를 뒷받침할 정보를 모은다.** 예를 들어 차를 살 때는 먼저 "차가 있으면

장 보기가 편해진다."는 가설을 세운다. 차를 타고 장을 보러 다닐 때
와 대중교통을 타고 다닐 때 드는 이동 시간, 비용, 짐을 옮기는 수고
등 "얼마나 편해지는가?"와 관련된 정보를 모은다. 수집한 정보가 가설
이 옳다고 뒷받침할 수 있다면 망설임 없이 결정할 수 있게 된다.

또 정보를 분석할 때는 **'수치를 해석하는 방법'**에도 주의를 기울여야
한다. 여러 수치 정보를 놓고 비교할 때는 **어떤 지표를 사용한 수치인가
에 따라 비교 결과가 바뀌기** 때문이다. 이해하기 쉽게 야구 선수의 성적
을 예로 들어보자. 방어율로 판단할지, 승률로 판단할지에 따라 성적을
판단하는 방법이 바뀐다.

만족도 조사 같은 조사 결과를 이끌어낼 때도 마찬가지로 주의를 기울
여야 한다. 조사 대상자 수, 조사 대상자의 성향, 설문 조사의 질문 내
용이 조사 결과에 영향을 줄 수 있기 때문이다.

통계사고로 정보를 수집하고 분석하면 쉽게 올바른 결정을 내릴 수
있다. 2장에서는 통계사고로 좀 더 합리적인 결정을 내리는 7가지 방
법을 소개한다.

'복권당첨금'은
예상대로 사라진다

: '돈의 유혹에 넘어가지 않는' 사고 방법

사람의 행동에는 그 사람의 성격이 그대로 반영되는 법이다. 특히 돈을 **사용하는 방법에 있어서는 개성이 그대로 드러난다.** 예를 들어 좋아하는 것에 적극적으로 돈을 쓰는 '소비형 인간'이 있는 반면, 하고 싶은 것이 있어도 이를 참고 착실히 돈을 모으는 '절약형 인간'도 있다. 물론 돈을 적당히 지출하고 적당히 모으는 사람도 있긴 하지만, 셋 중 어느 유형이든 돈을 사용하는 방법에는 그 사람의 성격과 개성이 그대로 드러난다고 할 수 있다.

그럼 '돈을 쓰는 방법'과 '돈을 버는 방법'은 서로 어떤 관계가 있을까? 돈을 어떻게 벌었는지에 따라 돈을 쓰는 방법에 변화가 있을까? 역시 돈을 쓰는 방법과 돈을 버는 방법의 관계에서도 성격과 개성이 그대로 드러날까?

지금 수중에 천만 원이 있고, 이 돈을 사용하는 방법이 다음 중 세 가지만 있다고 가정해보자.

① 해외여행을 가서 식사나 쇼핑 등에 통 크게 쓴다.
② 오래된 집을 수리하는 등 생활에 필요한 경비에 보탠다.
③ 미래를 대비하고자 은행 저축 계좌에 입금한다.

천만 원을 버는 방법은 다양하겠지만 다음 두 가지로 한정해 생각해보자.

1. 1년간 매일 밤늦게까지 야근해서 조금씩 번 천만 원
2. 운 좋게 때마침 산 복권이 당첨돼 받은 천만 원

돈을 번 방법에 따라 돈을 사용하는 세 가지 방법에도 차이가 생길까? 여기서 주목할 점은 **돈을 어떻게 벌었든 돈만 봤을 때는 액면 그대로 천만 원**이라는 사실이다.

물론 돈을 어떻게 벌든 돈만 놓고 봤을 땐 차이가 없다는 사실을 다들 머릿속으로 알고 있다. 그러나 실제로 1년 동안 힘들게 고생해서 번 천만 원이 눈앞에 있으면, 신기하게도 돈을 바라보는 시각이 달라진다. 미래를 대비해 예금을 들거나 뭔가 미래에 남을 만한 물건을 구입하는 등의 행동이 어울린다고 생각하기 마련이다. 한편, 운 좋게 번 천만 원이라면 한 번에 통 크게 써버리는 게 낫다고 생각하기 쉽다. 여러분의 생각은 어떤가?

하우스 머니 효과

실제로 행동경제학 실험 결과, 힘들게 고생해 조금씩 번 돈보다 **운 좋게 번 돈을 한 번에 쓰기 쉽다**는 결과가 나왔다. 이를 '하우스 머니 효과House Money Effect'[1]라고 한다. '하우스'는 카지노 같은 도박장을 뜻하며, 도박으로 번 돈은 대부분 대담하게 써 버리므로 하우스 머니 효과라고 부른다. 자산을 도박이나 투기적으로 운용할 때는 하우스 머니 효과에 주의해야 한다.

언젠가 단기 외환 거래로 오백만 원을 벌었다고 한다면, 이 오백만 원은 운 좋게 벌었다고 생각하기 쉽다. 그렇다면 "어차피 운 좋게 들어온 돈이니 잃어도 상관없어."라고 생각하기 쉽다. 그래서 "오백만 원까지

---

1 2017년 노벨 경제학상을 수상한 리처드 탈러(Richard H.Thaler) 교수가 설명한 개념으로, 쉽게 얻었거나 예상치 않게 들어온 돈은 아껴 쓰지 않고, 위험부담이 큰 계획이나 자산에 과감하게 투자하는 것을 말한다. '공돈 효과', '심리적 회계(mental accounting)'라고도 한다. - 옮긴이

는 손해를 봐도 괜찮아."라고 생각하며 더욱 대담한 단기 외환 거래에 빠져 들게 된다. 이는 자주 있는 일이다. 외환 거래로 돈을 계속 벌어들 인다면 문제가 없겠지만, 당연히 손해를 보는 일도 생긴다. 모처럼 번 오백만 원을 모두 잃을 수도 있다. 운 좋게 번 돈을 모두 잃었을 때, 이 때가 문제다.

도박사의 오류

깨끗이 거래에서 손을 뗄 수 있다면 좋겠지만, 사람의 마음은 그렇게 쉽게 정리되지 않는 법이다. 마음 속의 악마가 분명 다음처럼 속삭일 것이다.

'예전에 한 번에 오백만 원이나 벌었잖아. 따든지 잃든지 어차피 둘 중 하나야. 최근에 연이어 손해를 봤는데 이제 더는 잃을 리가 없어. 다음번 거래에서는 분명 벌게 될 거야. 그렇지! 생각해보니 모아 둔 생활비가 있었지. 그 돈을 좀 꺼내 쓰고 돈을 딴 뒤에 메꿔 놓으면 돼. 분명 잘 될 거야……'

줄곧 손해가 계속됐으니 다음에는 돈을 딸 수 있다고 생각하는 것을 '도박 사의 오류gambler's fallacy'**2** 라고 한다. 환율이 며칠 동안 계속 하락한 뒤

---

2 1913년 모나코 몬테카를로에 있는 보자르 카지노의 룰렛 게임에서 구슬이 검은색에 20번 연속으로 멈추자 많은 도박사가 이제 붉은색에 떨어질 거라 생각하고 거액을 걸었는데, 이후로도 구슬이 검은 색에 6번 더 멈추는 일이 반복돼 도박사들이 파산했다. 이 사건을 계기로 우연히 발생할 일을 과거 의 경험과 연결 짓는 오류를 '몬테카를로의 오류(Monte Carlo fallacy)'라고도 한다. - 옮긴이

에는 슬슬 오를 것 같다는 느낌이 들 수 있다. 그러나 통계학에서 볼 때나 경제학에서 볼 때도 **이를 뒷받침할 합리적인 근거는 아무것도 없다.**

하우스 머니 효과에 도박사의 오류가 더해지면 투기로 인한 비극이 쉽게 일어난다. 이런 비극은 오래전부터 계속돼 왔으며, 소설, 텔레비전 드라마, 영화 등의 소재로 수없이 사용됐다. 투기를 시작할 때는 당연히 마음 속으로 애써 번 돈과 운 좋게 번 돈을 나눠 놨을 것이다. 그럼에도 투기로 손해를 보게 되면 "힘들게 벌었든 운 좋게 벌었든 어차피 그 돈이 그 돈이야!"라며 힘들게 번 돈과 운 좋게 번 돈의 경계를 제멋대로 허물어 버린다. 동시에 손해가 계속되지 않을 거라는 근거 없는 자신감이 한층 더 투기 심리를 부추긴다.

Lesson 10을 시작하면서 말했듯이 이런 일을 사람의 성격이나 개성이라고 할 수 있을까? 유사^{有史} 이래 여러 시대와 여러 나라에서 비슷한 일이 반복돼 왔음을 생각해보면, 이런 심리는 많든 적든 **누구나 갖고 있는 생각**이라고 봐야 하지 않을까? '돈에 눈이 멀다'는 표현이 존재하는 한, 돈 앞에서는 누구라도 마음이 흔들리는 법이다. 개인의 성격과 개성의 차이라기보다는 **사람은 원래 금전적인 유혹에 약한 존재**라고 봐야 할 것이다.

큰 돈을 쓸 때는 하우스 머니 효과와 도박사의 오류를 감안해 이성적으로 생각해야 한다. 현명하게 돈을 쓰려면 돈의 마력에 휘둘리지 않도록 한 발짝 물러서서 냉정하게 결정하는 것이 중요하다.

돈 때문에 발생하는 비극은 왜 일어날까?

하우스 머니 효과란?

운 좋게 번 돈은 쉽게 낭비한다.

도박사의 오류란?

돈을 계속 잃으면 다음엔 돈을 딸 수 있을 거라고 생각한다.

'만장일치 결정'은
화근을 남긴다

: '집단사고의 함정'에 빠지지 않는 법

회의, 집회, 협의 등 요즘에는 일의 진행 방향을 여러 명이 결정할 때
가 많다. 다수결에서 '만장일치'로 결정이 이뤄지면 대단하다고 생각
하기 쉽지만, 실은 그렇지 않다. **만장일치로 일이 결정됐을수록 주의해야
한다.** 사람이 여러 명인데도 아무도 반대 의견을 내지 않았다는 것은
자연스럽지 않기 때문이다. 집단 내에 보이지 않는 어떤 힘이 작용하
는 것일까?

집단사고

사람이 집단을 이뤘을 때 문제가 되는 것이 '집단사고^{groupthink}'다. 집단사고는 사회심리학 분야의 전문용어로, 1972년 미국 예일대의 어빙 재니스^{Irving Janis} 교수가 제창한 개념이다. 합의로 의사 결정을 하는 어떤 집단이 있다고 해보자. 이 집단의 결속이 아주 공고하다면 구성원에게 같은 의견을 갖도록 압박하거나 집단 내의 폐쇄적인 사고를 강요하기도 하며, 집단 자체를 과대평가하게 만들기도 한다. 그 결과 **구성원이 개별로 행동할 때보다도 불합리한 의사 결정을 하게 된다.** 그럼 집단사고가 발생하는 메커니즘을 살펴보자.

회의 구성원 중 한 명이 특정 안건에 자기 나름대로 의견이 있다고 해보자. 회의할 때 각자의 의견을 솔직히 밝힐 수 있으면 좋겠지만, 언제나 자신의 의견을 간단히 밝힐 수 있는 것은 아니다. 예를 들어 이미 발언한 사람의 의견이 자신의 의견과 반대라고 해보자. 다른 구성원들이 앞서 발언한 사람의 의견에 고개를 끄덕이는 등 찬성하는 모습을 보였다면 어떨까? 이렇게 생각하지는 않을까?

> '내 의견을 말하면 회의를 혼란스럽게 만들 뿐이야. 의견을 말해서 내 평가만 떨어뜨리겠지. 모두에게 따돌림을 받게 될 거야…'

또는 다음처럼 자신을 변명하고 있을지도 모른다.

> '여기서 내 의견을 말하지 않아도 딱히 곤란할 게 없어. 모두의 의견이 분명 나 혼자 생각한 의견보다 옳을 거야. 다른 건도 있으니 이

건은 내 생각을 버리고 '조화를 존중'하는 선택도 중요해.'

이런 식으로 결국 이 사람은 '의견을 내지 말자'는 선택에 이른다. 그리고 자신의 의견과 반대인 집단의 결정 내용을 아무 소리 없이 따르게 된다.

집단사고는 큰 폐해를 가져온다. 의견을 내지 않은 사람이 **"사실 마음속으로는 결정된 내용과 반대되는 의견을 갖고 있었다."**라고 말하는 것은 자주 볼 수 있는 일이다. 모처럼 회의에서 논의해도 발언을 하지 않는다면 개인의 의견이 모두에게 정보로써 공유되지 않는다. 그뿐 아니라 목소리가 큰 사람이나 자기 의견을 밀어붙이는 사람이 낸 의견이 받아들여진다. 그 결과 **집단에서 원래 냈어야 할 결정과 완전히 다른 의사 결정을 내릴 수도 있다.**

집단사고는 국가의 군사 전략이나 기업의 경영 전략처럼 중요한 의사 결정을 하는 회의에서도 빈번하게 발생해왔다. 사회심리학에서는 집단의 의견 결정 실패 사례로 집단사고에 대한 다양한 연구를 하고 있다.

집단지성

집단사고의 반대 개념으로 '집단지성collective intelligence'이 있다. 이는 벌레, 물고기, 새 등의 무리에서 **각 개체가 독립적**으로 활동하는데도 무리 **전체가 통제된 행동**을 하는 모습을 가리킨다. 해질녘 기러기가 V자 대형으로 날아가는 모습이나 바다 속에서 정어리 떼가 가지런히 이동하는 모습은 집단지성이 바르게 작동하는 모습이다. 집단지성이 제대로 작동하려면 집단 내의 단순한 법칙에 따라 각 **구성원이 자기 스스로 행동**하는 것이 매우 중요하다. 거기에서 집단으로 통제된 복잡한 행동이 생겨난다. 현재 인공지능 기술 개발 등의 분야에서 집단지성 연구가 이뤄지고 있다.

집단사고와 집단지성의 차이점은 집단의 결속력이 강한지 여부에 있다. 앞서 살펴본 회의에서 한 발언을 예로 살펴보자. **집단사고가 발생하는 상황에서는 집단 내의 결속이 지나치게 강해서** 개인이 자신의 의견을 말할 수가 없다. 또한 안건을 의논한 뒤 결정할 때는 만장일치일 때가 많다.

그에 비해 **집단지성이 동작하는 집단에서는 집단 내 결속의 강도가 적절**하므로, 구성원 개인이 스스로 의논할 안건을 검토함으로써 솔직하게 자신의 의견을 말할 수 있다. 그러므로 각 구성원이 의견을 검토한 후 정연하게 의사 결정을 할 수 있다.

그럼 집단사고를 막으려면 어떻게 하면 좋을까? 회의 등 단체로 이야기를 나눌 때 집단사고에 빠질 것 같으면 의장이 휴식시간을 갖게 해 **일단 의견 논의를 중단**시킨다. **집단에서 벗어나 스스로 생각할 기회**를 구성원에게 주는 것이다. 이는 간단한 조치에 불과하지만, 이제 구성원은 집단사고에서 벗어나 자신의 의견을 말할 수 있게 된다.

'만장일치'가 옳다고만 할 수 없다

집단사고

집단지성

우리는 단체로 일할 때 흔히 유대를 강화하는 것을 중시하는 경향이 있다. 특히 일본이나 우리나라에서는 '모두 사이 좋게 지내며 다투지 않는 것이 최고'라는 조화의 정신이 깊게 뿌리를 내렸다. 그러나 지나치게 견고한 결속만 추구하면 집단사고를 부를 수밖에 없다. 집단지성처럼 제약 없이 스스로 생각할 수 있는 환경을 만드는 데에 언제나 신경을 써야 한다.

가전제품의 보증기간은
어떻게 정하면 이득일까?

: 사람은 '안도감'을 담보로 결정한다

우리는 언제 어디서나 결정을 내려야만 한다. 하지만 **'정말 중요한 일'**이거나 **'경험해보지 않은 일'**과 관련된 결정이라면 간단히 내릴 수 없다. 능숙하게 결정하는 방법은 없는 걸까? 가전제품을 구입할 때 '보증기간 연장'을 예로 들어 행동경제학의 이야기를 대입시켜 생각해보자.

보너스가 나오는 여름과 겨울에는 가전 제품 중에서도 고가의 제품이 잘 팔린다고 한다. 가전 제품을 살 때 자주 선택을 강요하는 것이 바로 보증기간의 연장이다. 저자는 계산하는 직원에게 이런 말을 들은 적이 있다. 여러분도 들어 본 경험이 있지 않을까 싶다.

> "이 제품은 제조사가 1년간 보증하는데, 우리 매장에서는 제품 보증기간을 5년으로 연장하는 서비스를 제공합니다. 연장 보증료로 5,000원을 지불하기만 하면 보증기간이 연장되는데 어떠신가요?"

아직 사용해보지 않은 제품이라 고장이 얼마나 잘 나는지, 고장 나면 얼마나 불편한지 모른다. 연장 보증료를 지불하고 보증기간을 늘려야 할지 판단하기 어렵다. 이럴 때 어떻게 하면 합리적인 판단을 할 수 있을까? 이쯤에서 행동경제학 분야에서 수행된 실험을 소개하겠다.

돈을 지불할 때 다음 두 가지 중 하나를 선택할 수 있다.

① 보증기간을 연장한다. 보험료로 5,000원을 지불해야 한다.

② 보증기간을 연장하지 않는다. 제품이 고장 나서 500만원을 지불해야 할 확률은 0.1%지만, 고장이 나지 않아 한 푼도 지불하지 않을 확률은 99.9%이다.

둘 중 하나를 반드시 선택해야 한다면 당신은 어느 쪽을 선택하겠는가?

평균적으로 계산해보면 지불해야 하는 금액은 ①번과 ②번 모두 5,000원으로 동일하다. 실험 결과 ②번을 선택한 사람이 많았다. "확률이 0.1%인 일은 거의 일어나지 않을뿐더러, 그런 불운이 내게 닥칠 리가 없어!"라고 낙관적으로 생각한 사람이 많았을 것이다.

돈을 낸다면 어느 쪽을 선택할까?

선택 ①

5,000원을 지불한다.

5000

선택 ②

500만원을 낼 확률은 0.1%,
한 푼도 안 낼 확률은 99.9%

10000

보통 ②를 고르는 사람이 많다.

그러나

'보험 문맥'으로 설명하면

①을 고르는 사람이 많아진다!

보험 문맥

5,000원은
안도감을
보장하는
보험료
입니다.

즉, 사람은 안도감이라는 효용을 근거로 결정을 내린다!

그러나 다음 내용처럼 '왜 보험을 들어야 하는지'를 상세하게 설명했더니 ①번을 선택하는 사람이 많아졌다.

②번을 선택해서 500만원을 내야 하는 일이 생기면 정말 부담이 크죠. ①번에서 지불하는 5,000원은 이런 상황을 피해서 안도감을 보장하는 보험료입니다.

이를 행동경제학에서는 '**보험 문맥**'이라고 한다. 사람은 '보험으로 소중한 것을 지킨다'고 이해하면, **안도감이라는 효용을 느끼게 돼 보험에 가입할 확률이 높아진다.** 가전 제품의 보증기간을 늘려야 할 지 고민이 될 때는 먼저 직원의 설명에 귀를 잘 기울여 보자. 그렇게 해서 '**안도감**'을 느낀다면 보증기간을 늘리면 될 것이다. 크게 쓸모를 느끼지 못했다면 연장하지 않으면 된다. 특히 보험처럼 무형의 상품을 구입할 때는 보장 내용이나 서비스 내용을 잘 이해해야 한다. 구조를 알지 못하면 안도감도 얻을 수 없기 때문이다. 능숙하게 결정을 내리기 위한 방법은 곧 **안도감이라는 효용을 담보로 결정**하는 것인 셈이다.

'정보가 많을수록'
사람은 결정을 내리지 못한다

: '정보 편향'이 판단을 어렵게 한다

우리는 일상생활에서 넘쳐나는 정보를 접하며 살아간다. 이렇게 넘쳐나는 정보 가운데서 올바른 결정을 내리려면 그보다 더 많은 정보가 필요하다고 생각하기 쉽다. **정말 정보가 많을수록 정확한 판단을 내릴 수 있을까?**

정보의 양과 올바른 의사결정 사이의 상관관계를 놓고 지금까지 많은 연구와 실험이 수행돼 왔는데, 그중 특징적인 연구 내용을 소개하겠다.

독일에 있는 막스 플랑크^{Max-Planck} 연구소의 게르트 기거렌처^{Gerd} Gigerenzer 박사는 미국 시카고대학과 독일 뮌헨대학 학생들을 대상으로 다음과 같은 질문을 한 뒤 그 해답을 분석했다.

(질문)

샌디에이고(San Diego)와 샌안토니오(San Antonio) 중 어느 도시의 인구가 더 많다고 생각하는가?

질문 당시의 정답은 '샌디에이고'였다. 샌디에이고는 캘리포니아주 남부에 있는 유명한 항구 도시다. 반면 샌안토니오는 텍사스주 중부에 있는 도시로, 독일에서는 샌디에이고만큼 알려져 있지 않다. 역사적으로는 텍사스 독립전쟁 때(1835~1836년) 알라모^{Alamo} 요새가 있던 도시 정도로 알려져 있다. 의외였던 사실은 두 대학의 학생들에게서 받은 질문의 해답을 살펴보니, 미국 도시를 묻는 질문인데도 **시카고대 학생들보다 뮌헨대 학생들의 정답률이 높았다**는 점이다.

왜 그럴까? 시카고대 학생들은 샌안토니오라는 도시를 어느 정도 알고 있었으므로, 오히려 쉽사리 샌디에이고를 선택하지 못했던 것이다. 그에 비해 뮌헨대 학생들은 샌안토니오라는 도시의 이름을 들어본 적이 없었다. 따라서 단순히 이름을 들어본 적이 있는 샌디에이고라고 답한

것이다. 덧붙이자면 현재는 샌안토니오가 샌디에이고보다 인구가 더 많다.[1]

정보 편향

두 대학 학생들의 답을 살펴보니 '정보가 많으면 정확한 판단을 할 수 있다'라는 말이 언제나 옳은 것은 아니라는 사실을 알 수 있다. **정보가 지나치게 많으면 망설임과 혼란을 일으켜 잘못된 판단으로 이어질 수도 있다.** 그러나 사람은 대부분 정보가 많을수록 정확한 판단을 내릴 수 있다고 생각한다. 이를 심리학에서는 '정보 편향information bias'이라고 부른다. 정보 편향과 관련해 미국에서 의사의 병리 진단을 연구한 사례가 있다. 의사에게 다음과 같은 질문을 했다.

> (질문)
>
> 어떤 증세가 나타난 환자 중 80%는 A 질병에 걸렸다고 간주한다. 환자가 A 질병에 걸린 것이 아닐 때는 B 질병, 또는 C 질병에 걸렸다고 간주한다. 이때 환자가 A 질병이 아닐 때 B 질병에 걸렸는지, 또는 C 질병에 걸렸는지 판정할 수 있는 고가의 특별 검사가 있다. 만약 당신이 맡은 환자에게 해당 증세가 나타났다면 특별 검사를 받게 하겠는가?

---

1   출처: 위키피디아, 2018년 미국 주요 도시별 인구통계(https://en.wikipedia.org/wiki/List_of_United_States_cities_by_population)

환자가 A 질병에 걸렸는지 진단을 내리려는 목적으로 검사를 받게 한다면 이해가 된다. 그러나 환자가 A 질병이 아닐 나머지 20% 확률을 가정해 특별 검사로 B 질병인지 C 질병인지를 알게 되더라도, A 질병일 확률 80%를 무시하고 B 질병 또는 C 질병의 치료를 시작할 수는 없다. 그러므로 검사 결과가 큰 의미를 갖는다고는 할 수 없을 것이다. 그럼에도 불구하고 많은 의사가 보유하는 정보를 늘리려고 B 질병인지 C 질병인지 진단하는 고가의 특별 검사를 원했다.

이처럼 정보는 실제 도움이 되는지 여부와 관계없이 안도감을 주는 역할을 한다. 즉, **사람은 모르는 것에는 불안감을 느끼고 아는 것에 안도감을 느낀다.** 그러나 정보는 많이 끌어 모은다고 좋은 것이 아니다. 정보가 없는 경우보다 정보가 지나치게 많아 오히려 잘못된 판단을 내릴 때가 제법 많지 않을까?

각종 매체에서 빅데이터가 각광받는 요즘, 정보 수집을 강화해 기존에는 생각하지도 못할 만큼의 대량의 데이터 축적을 안팎에서 요구하고 있다. 그러나 정보 수집에만 몰두해 많은 양의 데이터를 보유하는 것에 그치면 합리적인 의사 결정이나 의미 있는 판단으로 이어지지 못한다. 판단력을 강화하려면 **어떻게든 불필요한 정보를 버리고 필요한 정보만을 선택**하는 것이 중요하다. 평상시 목적에 맞는 정보를 취사선택하는 의식을 높이도록 노력해야 할 것이다.

환자 수와 유병률[1] 중
어느 쪽이 중요한가?

: 수치 정보를 '다면적으로 보는' 습관

통계 수치 정보는 어떤 일을 결정할 때 판단 기준으로 사용하는 아주 중
요한 정보다. 수치 정보란 실수實數나 비율 같은 수치로 나타낸 정보(A 도
시의 인구는 O만 명이다. 또는 B 마을의 고령자 비율은 O% 등)를 말한다. 결정
을 내릴 때 사용하는 유력한 정보인 만큼 **수치 정보를 해석하는 방법에 주
의해야 한다.** 의료나 간병 정책 같은 사회보장 정책을 예로 생각해보자.

---

1   유병률(prevalence rate): 어느 한 시점에 특정 인구집단 또는 지역에서 질병을 갖고 있는 인구의 수
    – 옮긴이

지역별로 정책을 검토할 때는 각 지역의 실태를 비교하고 지역의 특징을 파악해야 한다. 실제 환자 수 등의 수치로 시군구별 실태 비교를 하기도 하지만, 수치만으로 비교를 하게 되면 인구나 면적 같은 시군구별 규모에 영향을 받는다. 그래서 실제 수치를 단위 인구나 단위 면적별 비율로 변환해 비교한다. 비율을 사용하면 시군구 규모에 영향을 받지 않으므로 적절한 비교가 가능하다고 생각하기 쉽다. 예를 들어 당뇨병 예방 대책을 우선적으로 시행해야 할 지자체를 선정하고자 A시와 B면 주민의 당뇨병 현황을 비교해본다고 하자. 질병과 연관된 조사를 하고 나서 다음과 같은 데이터를 얻었다.

A시는 지방의 중심 도시로 인구가 50만 명이다. 한편 B면은 인구가 5천 명인 전형적인 인구 규모를 가진 지역이다. 당뇨병 환자 수는 A시가 압도적으로 많지만, 이는 A시의 인구가 많으므로 당연하다. 그러니 환자 수를 인구로 나눠 당뇨병 비율로 살펴보겠다. 이렇게 계산해보면 B면의 당뇨병 비율이 높다는 사실을 알 수 있었다. 이 결과만 놓고 보면 B면부터 당뇨병 예방 대책을 먼저 시행해야 한다. 그러나 여기서 문득 의문이 들 수 있다. 환자 수로 보면 A시가 B면보다 환자가 몇 십 배나 많은데도 예방 대책은 B면에서 먼저 시행한다니 정말 그래도 되는 걸까? 즉, 실제 숫자보다 비율을 중요하게 생각해도 되는 걸까?

환자 수로 판단해야 할까? 아니면 환자 비율로 판단해야 할까? 이런 문제는 스포츠에서 선수 성적을 비교할 때도 발생한다. 선수의 성적을 **비율만으로 비교하면 여러 가지 문제가 생긴다.** 야구 타자 순위가 대표적이다. 각 선수의 타율을 단순히 비교해보자. 1타수 1안타인 선수는 타

이 표를 어떻게 해석할까?

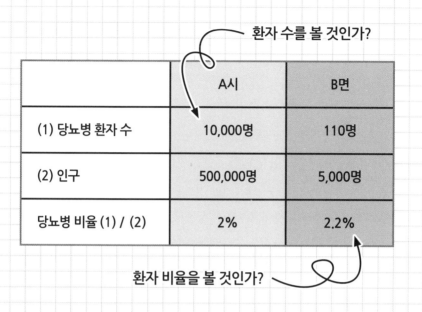

환자 수를 볼 것인가?

	A시	B면
(1) 당뇨병 환자 수	10,000명	110명
(2) 인구	500,000명	5,000명
당뇨병 비율 (1) / (2)	2%	2.2%

환자 비율을 볼 것인가?

율이 10할이다. 그렇다고 이 선수를 그대로 타율 1위라고 인정한다면, 더 많이 타석에 나가면서 더 많은 안타를 친(더 많이 아웃도 된) 다른 선수와 적절하게 비교했다고 할 수 없을 것이다. 그래서 프로야구에서는 사전에 소속팀 시합 수의 3.1배 같은 규정 타석 수를 정해 놓은 뒤, 규정 타석에 도달한 선수만 타자 순위 대상으로 삼는다.

다른 스포츠에서도 개인 성적을 순위로 비교할 때는 마찬가지로 최소 기준을 설정하기도 한다. 농구에서 자유투 성공률 순위를 매길 때는 자유투 성공 횟수가 일정 숫자 이상이어야 자유투 순위에 오를 수 있는 요건이 된다. 또 배구에서 공격 성공률도 공격 횟수가 일정 숫자 이상이어야 하는 요건이 있다. 이처럼 실제 수치나 비율 어느 한쪽만을 봐서는 적절하게 비교했다고 할 수 없음을 알 수 있을 것이다. 즉, **실제 수치와 비율을 함께 보는 것이 중요하다.**

당뇨병 예방 사례에서는 당뇨병 비율만이 아닌 환자 수 규모도 살펴본다. 이렇게 하면 사소한 당뇨병 유병률 차이에 얽매이지 않고 결정을 내릴 수 있다. 야구 타자의 예에서는 타율과 함께 안타 수도 중요하게 계산한다. 프로야구 타자에게 주는 상도 마찬가지다. 가장 높은 타율을 기록한 선수에게는 타율상을, 가장 많은 안타를 친 선수에게는 안타상을 수여한다.

수치 정보는 구체적이라서 보는 이가 좋든 싫든 인정하게 만드는 측면이 있다. 그러나 한 가지 수치 정보만을 단순히 **그대로 받아들여야 하는 것은 아니다.** 수치 정보를 숫자와 비율 등으로 다면적으로 바라보면서 분석이나 평가를 해보면 자신 있게 평가를 내릴 수 있으므로 결정력을 높일 수 있다. 데이터를 볼 때는 데이터를 다양한 시선에서 다각적으로 파악할 필요는 없는지 스스로 생각해보는 습관을 들이자.

일 잘하는 사람은
'두 가지 전략으로 판단'한다

: 영리한 '포지셔닝' 방법

'올바른 판단'을 내리려면 '올바른 전략'을 세우는 것이 중요하다. 전략이 없다면 더 말할 필요가 없지만, 세운 전략이 애매모호하다면 잘못된 결정을 내리거나 결정을 내릴 기회를 놓쳐 선수를 빼앗겨 버리는 일이 있기 때문이다. 그럼 어떤 전략을 세워야 좋은 결정을 내릴 수 있을까?

집단 내에서 개인이 어떻게 행동해야 할지 고민스럽다면, 자연 속에서 생명체가 어떻게 살아가는지를 참고해 볼 수 있다. '게임 이론game theory'에서는 생물 집단을 관찰한 것을 근거로 인간 사회에서 필요한

적응 전략을 이끌어내는 일을 한다. 여기에서는 '집합 전략'과 '영역 전략'이라는 두 가지 상반되는 전략을 소개하겠다.

집합 전략

집합 전략이란 개체가 살아 남으려고 무리를 이루는 전략을 말한다. 이 전략은 정어리 같은 물고기와 얼룩말 같은 동물의 행동에서 관찰할 수 있다. 집합 전략에는 두 가지 장점이 있다.

첫 번째로, 무리를 이루면 **주변을 경계 및 감시하는 능력이 향상**된다. 각 개체가 천적이 접근하는 위험을 온종일 전방위로 감시하기는 어려울 것이다. 그러나 무리를 만들어 나눠서 감시하면 언제나 빈틈없이 감시할 수 있다. 두 번째로, 천적에게 습격을 당했다 해도 잡아먹히는 개체 수가 제한적이므로 대부분의 개체는 살아남을 수 있다. **잡아먹힐 위험이 줄어드는 것**이다. 이처럼 집합 전략을 선택하면 천적을 최대한 경계할 수 있어서 각 개체가 잡아먹힐 위험이 줄어든다.

그러나 집합 전략에는 단점도 존재한다. 무리가 극단적으로 커지면 무리 내 먹이 경쟁이 심각해지며, 무리 사회의 상하 관계가 복잡해진다. 그래서 무리 내에서 싸움이 늘어난다.

영역 전략

영역 전략이란 개체가 분산됨으로써 한정된 자원을 서로 나누는 전략이다. 이 전략은 육식 동물인 호랑이와 은어 같은 물고기 등에서 관찰할 수 있다. 영역 전략에도 두 가지 장점이 있다.

영역 분할이 제대로 이뤄지면 각 개체가 서로 적당한 거리를 유지하면서 **자신의 영역 속에 있는 먹이를 독점**할 수 있다. 또한 영역 분할은 번식하는 데도 유리하다. 짝짓기를 할 때나 새끼를 키울 때 영역이 있으면 둥지를 만들어 **안정적인 생활**을 할 수 있다.

그러나 영역 전략도 효과가 없을 때가 있다. 자원에 비해 개체 수가 지나치게 많아지면 일부 개체가 영역을 확보하지 못한다. 그러면 영역 주인은 이런 개체가 영역에 침범하는 것을 막느라 경계를 강화할 수밖에 없다. 이렇게 되면 영역 내에서 여유롭게 먹이를 독점하기 어려워진다.

기업의 집합 전략과 영역 전략

앞서 살펴본 것처럼 두 전략 모두 장점과 단점이 있다. 두 전략은 인간 사회에서도 자주 볼 수 있다. 예를 들어 기업에서 일하는 직원은 집합 전략을 취한다. 이렇게 해서 기업을 둘러싼 다양한 위험에 대한 경계를 강화하고 기업의 영속성을 도모하며, 그 대가로 보수나 급여를 받아 생활한다.

하지만 기업 내부에도 사회가 생기고, 그 안에서 인간관계가 문제를 일으킬 수도 있다. 예를 들어 일부 직원이 일을 게을리한다거나 좋은 자리를 차지하려는 직원 간에 파벌 싸움이 생겨서 업무가 비효율적으로 처리될 수 있다. 한편 영역 전략은 새로운 산업 분야에서 벤처 기업의 오너가 신규 기술을 사용해 우위를 점하는 경우 등에서 관찰할 수 있다. 특허 등록을 함으로써 신규 기술의 지적재산권을 확보해 사업 영역을 강화할 수 있다면 안정적으로 기업을 운영할 수 있다. 그러나 특허 취득 전에 유사한 벤처 기업이 출현해 시장을 빼앗는다면 사업 영역을 지키기가 어려워질 것이다.

기업이 직원에게 영역 전략을 채택하도록 유도할 때도 있다. 조직이나 직무에 직무 권한이라는 이름의 역할을 부여한다. 각 직원은 주어진 역할을 담당하면서 효율적이고 안정적으로 업무를 할 수 있다. 그러나 직무 권한이 모호하거나, 신규 사업이라 아직 직무 권한이 정해지지 않은 경우도 있다. 이럴 때는 권한이 직원 사이에 중복되거나, 어떤 직원에게도 권한이 부여되지 않은 직무가 생겨 혼란스러워질 수도 있다.

집합 전략과 영역 전략을 놓고 단순히 우열을 가릴 수는 없다. 항상 집합 전략을 선택하는 생물 집단은 환경에 제대로 적응하지 못하게 될 때 전멸할 수도 있다. 한편 영역 전략만 선택하면 개체 수가 증가했을 때 분쟁이 끊이지 않아 각 개체가 피폐해지기 마련이다. 그러므로 **주어진 환경에 맞춰 유연하게 전략을 선택하며 사용**하는 것이 중요하다. 영역 전략을 취하는 은어는 개체 수가 증가해 영역 전략이 우위성을 잃으면 집합 전략을 취한다. 이 예에서 알 수 있듯이 한 가지 전략만 고집하지 않

'집합 전략'과 '영역 전략'을 상황에 맞춰 구사한다

은어는 개체 수가 적을 때는
'영역 전략'을 취한다.

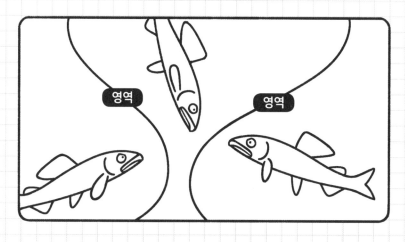

개체 수가 증가하면
'집합 전략'을 취한다.

유연하게 전략을 구분해 사용하자!

고 임기응변을 발휘해 상황에 맞는 전략을 사용하는 것이 중요하다.

주변 환경을 살펴보며 선택할 전략을 기민하게 바꾸는 것을 '메타전략(235페이지 참조)'이라고 부른다. 메타전략을 실행할 때는 주변 환경 변화를 감지하는 능력이 반드시 필요하다. 메타전략은 더 다양한 전략을 세울 수 있게 해준다. 집합 전략과 영역 전략 중 하나를 택하는 것이 아니라 두 전략을 어떻게 조합하는지에 따라 전략의 차이가 발생한다. 은어가 어떻게 두 가지 전략을 선별해 사용하는지는 흥미진진한 문제다. 이와 연관된 생물학 조사와 연구가 진전되길 기다려보자. 우리 인간도 은어를 본받아 상황 변화를 보면서 임기응변하는 전략을 취하는 것이 중요하다고 생각한다. 적절한 판단을 내리려면 한 번 세운 전략을 수정할 수 있다는 사고 방법도 가질 수 있어야 한다. 평소에 스스로 유연하게 생각할 수 있도록 주의를 기울이자.

암 진단 결과는 얼마나 정확할까?

: '거짓 양성'과 '거짓 음성'에 속지 않는다

'올바른 결정'을 내리려면 '상황을 제대로 파악'하는 것이 중요하다. 항상 관심을 갖는 분야의 일이라면 정보 수집과 분석을 수월하게 할 수 있으므로, 대부분 빠른 결정을 내릴 수 있을 것이다. 그러나 거의 관심이 없는 분야의 일이라면 좀처럼 상황 파악을 할 수가 없어 결정을 미루게 된다.

여러분의 **건강 관리와 의료 활동**도 그런 예라 할 수 있다. 최근 의료 분야에서는 병에 걸리기 전부터 건강에 조심하는 예방 의료 및 건강 증진 활동이 활발하다. 그중 하나로 암을 조기에 발견하기 위해 암 검진을 받도록 장려하는 움직임을 들 수 있다. 그러나 실제로 암 검진을 받는 비율은 별로 올라가지 않고 있다. 그 배경으로 사람들이 암 검진에 관심이 적다는 점을 꼽을 수 있다. 어떻게 하면 암 검진을 받는 비율을 높일 수 있을까?

의료 분야에서는 암 같은 병에 걸렸는지 진단하기 위해 다양한 검사를 한다. 검사를 받으면 양성 또는 음성 결과가 나타난다. 이때 검사 정확도가 100%가 아니라는 점에 주의해야 한다.

실제로 병에 걸리지 않았는데 양성 결과가 나올 때가 있다. 이를 '거짓 양성 false positive'이라 한다. 반대로 **실제로는 병에 걸렸는데도 음성 결과가 나올 때**가 있다. 이를 '거짓 음성 false negative'이라고 부른다. 거짓 양성과 거짓 음성 모두 문제가 있다.

먼저 거짓 양성일 때를 살펴보자. 일반적으로 검진을 받았더니 양성이라는 결과가 나오면 정말로 병에 걸렸는지 판정하려고 정밀 검사를 한다. 이 과정에서 대부분의 사람은 병에 걸리지 않았다고 판명돼 안도의 한숨을 쉰다. 그러나 이는 이렇게 간단히 말할 수 있는 일이 아니다. 검진 결과가 양성인 사람은 정밀 검사 결과가 나올 때까지 정신적인 고민과 고통을 안고 지내야 하기 때문이다.

게다가 일반적으로 정밀 검사는 비싸고 번거롭다. 그러니 검진에서 거짓 양성이 많다는 사실은 정밀 검사를 받는 사람에게 정신적인 스트레스는 물론이고, 비용이나 수고가 크다고 볼 수 있다.

한편 거짓 음성일 때는 어떨까? 검진을 받았는데도 병에 걸렸다는 판명을 받지 못했다. 그러니 어떤 치료도 시작하지 않는다. 그렇게 며칠 뒤 병이 악화돼 증세가 표면으로 드러나면 그제야 진단과 치료를 시작한다. 진단이나 치료의 시기를 놓쳐 생명이 위험해질 수도 있다.

거짓 양성과 거짓 음성은 **한쪽을 낮추려 들면 다른 한쪽이 상승**하는 상반 관계에 있다. 예를 들어 거짓 음성을 낮추겠다고 매우 정확하게 양성 결과가 나오도록 검진 감도를 높이면 거짓 양성의 출현 빈도도 상승한다. 이 관계를 암 검진 모델을 사용해 수치로 살펴보자.

(암 검진 모델)

1만 명 크기의 집단을 놓고 생각해보자. 이 중에 암에 걸린 사람의 비율은 1%라고 가정하겠다. 이 집단이 전원 암 검진을 받았다.
암에 걸린 사람은 검진 결과 99% 확률로 양성이라는 결과를 받는다.
한편 암에 걸리지 않은 사람은 95% 확률로 음성이라는 결과를 받는다.

모델에 퍼센트 단위로 표시한 숫자가 세 개나 있어서 조금 혼란스러울지도 모르겠다. 이해를 돕고자 비율이 아닌 실제 사람 수로 바꿔서 이 모델을 표로 나타내면 다음과 같다.

암 검진 모델 결과를 살펴보자

	암에 걸림	암에 걸리지 않음	합계
합계	100명	9,900명	10,000명
양성 결과를 받음	99명	495명 거짓 양성	594명
음성 결과를 받음	1명 거짓 음성	9,405명	9,406명

⇒ 양성 결과를 받은 사람 중 거짓 양성의 비율은 83.3% (≒ 495명÷594명)
⇒ 음성 결과를 받은 사람 중 거짓 음성의 비율은 0.01% (≒ 1명÷9,406명)

이 모델은 양성 결과 중 80% 이상이 거짓 양성이다. 양성 결과가 나오더라도 너무 걱정하지 말고 정밀 검사를 받으면 된다고 말할 수 있을 것이다. 단, 거짓 양성이 이렇게 많이 나온다는 사실은 애초에 검진에 의미가 없다고 느낄지도 모르겠다.

그러나 암에 걸린 99명을 만 명 중에서 594명으로 범위를 좁히는데 성공했으므로, 검진에 효과가 있었다고 해석할 수도 있다. 1명이긴 하지만 실제로 암에 걸렸는데도 거짓 음성이 나온 점이 오히려 신경이 더 쓰인다. 애초에 암 검진의 목적은 건강한 사람 가운데서 암에 걸린 집단을 좁혀가는 데 있다. 그러려면 거짓 양성이 늘어나지 않게 해야 한다. 하지만 그 결과, 어떻게 하더라도 앞서 살펴본 결과처럼 거짓 음성이 나타날 수밖에 없다. **거짓 음성은 정기적으로 검진을 받으면 줄일 수 있다.** 그래서 실제 암 검진에서는 음성 결과가 나오더라도 정기적으로 검진을 받도록 장려한다.

같은 의료 검사라 하더라도 임상검사는 암 검진과는 다르다. 임상검사는 환자나 병이 의심되는 사람을 대상으로 한다. 암에 걸렸을지 모른다는 의심이 있을 때는 암을 검출하는 데 목적을 둔다. 그러므로 거짓 음성을 줄일 필요가 있다. 즉, 양성을 판정하는 검진 감도를 높여야 하는 것이다. 이런 임상검사 모델을 수치로 살펴보자.

(임상검사 모델)

1만 명인 집단이 있다고 하자. 이 중 암에 걸린 사람의 비율은 1%다. 이 집단의 전원에게 임상검사를 받게 했다.

암에 걸린 사람은 검사 결과 99.9% 확률로 양성이라는 결과가 나왔다.

한편 암에 걸리지 않은 사람은 90% 확률로 음성이라는 결과가 나왔다.

임상검사 모델 결과를 살펴보자

	암에 걸림	암에 걸리지 않음	합계
합계	100명	9,900명	10,000명
양성 결과를 받음	100명	990명 거짓 양성	1,090명
음성 결과를 받음	0명 거짓 음성	8,910명	8,910명

⇒ 양성 결과를 받은 사람 중 거짓 양성의 비율은 90.8% (≒990명÷1,090명)
⇒ 음성 결과를 받은 사람 중 거짓 음성의 비율은 0% (≒0명÷8,910명)

앞서 살펴본 임상검사 모델에서 거짓 음성은 0명이었지만, 그 대신 거 짓 양성 비율이 90%를 넘었다. 이처럼 검진에 완벽한 것은 없으며 어 느 정도 거짓 양성과 거짓 음성이 나올 수밖에 없다. 그런 점에서 검진 결과를 전달할 때는 결과 해석 방법을 확실히 알리는 것이 중요하다. 검진 정보를 명확히 공개하고 확실하게 사람들에게 알리면, 일반인이 검사를 받겠다는 결정을 내리기 쉬워져 검진을 받는 비율이 높아질 것 이다.

검진뿐만 아니라 많은 일에서 상황을 정확히 파악하는 것이 필요하다. 올바른 결정을 내리려면 먼저 **정확한 정보**를 바탕으로 **스스로 상황을 정확히 파악**하는 것이 중요하기 때문이다. 지금까지 살펴본 내용으로는 일단 정기적으로 검진을 받아야겠다는 생각이 드는데, 여러분의 생각은 어떠한가?

그 선택은
이익일까? 손해일까?

: 본질을 꿰뚫어보는 힘

무엇이 필요하고 불필요한지
합리적으로 선택할 수 있다!

■ ■

고도화된 정보화 사회를 살아가는 우리가 정보에 휘둘리지 않으면서 숫자에 속지 않는 힘, 이를테면 본질을 꿰뚫어보는 힘을 갖추는 것은 매우 중요하다. 정보를 올바르게 활용하면 우리는 생활 속에서 정말 많은 혜택을 누릴 수 있다. 이때 알아둬야 할 한 가지 사실은 세상에는 악의를 가진 사람도 있다는 점이다. 특히 **'수치 정보는 악의를 가진 사람이 악용하기 쉬운 정보'**이므로 이를 받아들일 때는 통계사고가 필요하다. 악의를 가진 사람은 데이터를 조작해서 자신의 성적을 좋게 만들거나, 유리하게 수치를 바꿔 데이터의 근거 데이터로 사용하기도 한다.

확률과 통계 관련 정보는 남을 속이려 드는 사람에게 완벽한 근거 데이터인 셈이다. 여기에서 본질을 꿰뚫어보는 힘을 시험하는 데 최적인 실례를 들어보겠다.

미국의 인기 TV 프로그램에 나왔던 '선택 게임'[1] 문제다. 무대에 문이 세 개 있다. 하나는 '당첨', 나머지 두 개는 '꽝'이다. 참가자가 세 개의

---

1   이 선택 게임을 '몬티 홀 문제(Monty Hall problem)'라고 한다. 상세 내용은 위키백과(https://ko. wikipedia.org/wiki/몬티_홀_문제)를 참고하기 바란다. – 옮긴이

문 중 하나를 골랐을 때 해당 문이 '당첨'이라면 경품을 받을 수 있는 것이 이 게임의 규칙이다. 사회자는 게임 도중에 참가자의 마음을 흔드는 제안을 한다. 참가자가 선택하지 않은 두 개의 문 중에서 '꽝'인 문을 하나 열어서 보여주고는 참가자에게 이렇게 말한다.

"문을 다시 선택해도 됩니다."

당신이라면 어떻게 하겠는가? 문을 다시 선택해도 경품에 당첨될 확률은 변하지 않을 거라 생각할 것이다. 하지만 실제로는 **처음에 선택했던 문이 아닌 다른 문을 선택하면 경품에 당첨될 확률은 두 배로 높아진다.** 사회자가 말하는 유혹을 무시하고 첫 선택을 고집한 참가자는 결과적으로 잘못된 선택을 한 셈이다. 이 게임에서는 선입견에 빠지지 않고 확률을 따져 보고 중간에 선택을 바꾸는 것이 정답이었다. 우리의 일상생활에서도 주변 정보에 현혹되지 않고 냉철히 판단해야만 할 때가 결코 적지 않다.

우리는 매일 정보의 홍수 속에서 매사를 판단해야만 한다. 그러므로 **"어떤 것이 옳고 어떤 것이 그른가?", "무엇이 필요하고 무엇이 불필요한가?"** 같은 질문에 답할 수 있는 본질을 꿰뚫어보는 힘이 필요하다. 3장에서는 통계사고로 본질을 꿰뚫어보는 일곱 가지 방법을 소개하겠다.

확률이 '2분의 1'이 되기도 하고 '3분의 1'이 되기도 한다?

: 매사에 '전제를 의심해보는' 습관

상점가에서 경품 행사에 참여해 경품 추첨기를 덜그럭거리며 돌려 상품을 뽑아 본 경험이 있는가? 많은 사람이 추첨기를 돌렸는데도 아무도 1등에 당첨되지 않은 채 추첨이 계속된다면, 1등이 나올 확률이 더 높아지는 것은 당연하다. 이 추첨기 사례는 이해하기 쉽지만 일반적으로 **전제 조건이 바뀌었을 때 확률이 어떻게 바뀔지를** 판별하기는 어렵다. 확률은 눈에 보이지 않으므로 좀처럼 확률의 변화를 알아채기 쉽지 않기 때문이다. 하지만 '본질을 꿰뚫어보는 힘'을 키우려면 이런 **확률의 변화를 알아채는 것이** 매우 중요하다.

고등학교 수학 시험 등에서는 동전, 주사위, 트럼프 등을 사용한 확률 문제가 출제된다. 확률은 '어떤 일이 일어나기 쉬운 정도'라는 눈에 보이지 않는 내용을 다루므로, "어려워서 싫다."고 생각하는 사람이 많을지도 모르겠다. 여러분은 어떠한가?

확률이 어렵다고 느끼는 이유 중 하나는 언뜻 보기에 간단해 보이는 문제에 의외의 면이 숨어있다는 점이다. 다음 두 아이와 관련된 문제를 생각해보자.

> **(두 아이와 관련된 문제)**
>
> 어떤 집에 아이가 두 명 있다. 그중 한 명이 남자인 것은 알고 있다.
> 이때 다른 한 명도 남자 아이일 확률은 얼마일까?
> 단, 남녀 아이가 태어날 확률은 동일하다.

"두 아이 중 한 명의 성별이 남자이거나 여자라는 사실은 다른 한 아이의 성별과 당연히 관련이 없지. 문제의 첫 번째 줄은 대답하는 사람을 그저 혼란스럽게 하려고 무의미한 조건을 단 것에 지나지 않아. 남자 아이와 여자 아이가 태어날 확률이 같다고 했으니 다른 한 명이 남자 아이일 확률은 2분의 1이야."

이렇게 생각했는가? 아쉽지만 틀렸다. 차분히 생각해보면 다음과 같이 정답을 생각할 수 있을 것이다.

"애가 둘이 있다고 했으니까 성별 패턴은 형제, 오빠와 여동생, 누나와 남동생, 자매처럼 네 가지뿐이야. 남자 아이와 여자 아이가 태어날 확률이 같다고 했으니 이러한 패턴은 균등하게 나타나겠지. 둘 중 하나가 남자 아이라고 했으니까 자매 패턴은 불가능해. 남은 세 패턴 중 나머지 한 명도 남자 아이인 패턴은 형제 패턴뿐이야. 그러니 나머지 한 명도 남자 아이일 확률은 **3분의 1**이야."

사실 이 문제에서는 "한 명은 남자 아이인 점을 알고 있다. 이때 나머지 한 명도 남자 아이일 확률은 얼마인가?"라는 표현에 교묘한 속임수가 있다. 성별이 남자인 걸 알고 있는 아이가 형 또는 오빠인지, 아니면 동생인지 확실하게 밝히지 않았으므로, '형제', '오빠와 여동생', '누나와 남동생'이라는 세 가지 패턴이 존재할 수 있다는 사실이 숨겨져 있는 것이다. 이 문제를 "첫째가 남자 아이일 때 둘째도 남자 아이일 확률은?"이라고 바꾸면 가능한 패턴은 '형제'와 '오빠와 여동생' 중 하나일 것이므로 답은 2분의 1이 된다. 확률 문제라기보다는 문장 독해력을 묻는 국어 문제로 생각할 수도 있겠다.

한 명이 남자 아이일 때 나머지 한 명은?

아이가 두 명 있는데 한 명은 남자 아이다.
다른 한 명도 남자 아이일 확률은?

네 가지 조합이 가능

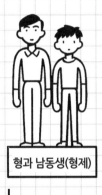
형과 남동생(형제)

오빠와 여동생

누나와 남동생

언니와 여동생(자매)

이 가운데 나머지 한 명도
남자 아이인 조합은 형제뿐이다.

둘 중 한 명이
남자 아이여야
하므로 불가능 ✕

나머지 한 명도 남자 아이일 확률은 $\dfrac{1}{3}$

다음으로 트럼프에서 카드 두 장을 꺼내는 문제를 알아보자. 속지 않도록 조심하기 바란다.

(트럼프에서 카드 두 장을 꺼내는 문제)

한 세트가 52장인 트럼프에서 카드 한 장을 꺼낸 뒤 보지 않고 그대로 상자에 넣는다. 나머지 카드 51장 중에서 또 카드 한 장을 꺼내 뒤집어 보니 하트 카드였다.

이때 앞서 상자에 넣은 카드도 하트일 확률은 얼마일까?

이 문제는 무심코 다음과 같이 답할 수도 있다.

"먼저 한 장을 꺼내서 상자에 넣은 카드가 나중에 꺼낸 카드 때문에 바뀔 수가 없지. 트럼프 52장 중 하트는 13장이니까 상자에 넣은 첫 번째 카드가 하트일 확률은 52분의 13, 즉 4분의 1이야."

이번에도 냉정하게 문제를 읽어보면 정답을 떠올릴 수 있다.

"두 장을 꺼낸 이후에 남은 카드 50장에, 처음 꺼냈던 카드 1장을 더한 51장의 카드는 어떤 카드인지 알 수 없는 카드지. 처음에 꺼낸 카드는 이처럼 알 수 없는 카드 51장 중 한 장이라 할 수 있지. 두 번째로 꺼낸 카드가 하트라고 했으니 51장에는 하트 카드가 12장뿐이야. 따라서 상자에 들어 있던 첫 번째 카드도 하트일 확률은 **51분의 12**, 즉 17분의 4가 되는 거야."

이 문제에서 처음에 꺼낸 카드는 다음에 꺼낸 카드가 어떤 카드인가에 영향을 받을 수 없다. 그러나 처음에 꺼낸 카드가 하트일 확률 값은 다음에 꺼낸 카드가 어떤 카드인가에 따라 변화한다. 이 점이 위 문제의 포인트다. 만약 두 번째로 꺼낸 카드가 하트 이외의 카드라고 하면, 먼저 상자에 넣은 카드가 하트일 확률은 51분의 13이다.

이처럼 **확률은 주어진 정보가 조금만 달라지거나 추가되면 변화하기도 한다.** 비즈니스 세계에서는 다양한 정보를 빈번하게 주고 받는다. 정보를 '전달하는 쪽'과 '받는 쪽' 모두 사소한 차이나 추가 정보의 존재 여부가 확률 값에 영향을 준다는 점을 알아둬야 할 것이다. 어떤 일의 전제조건이 바뀌었을 때 이전과 달라지지 않았는지 변화를 파악하는 것이 중요하다.

한 반에서 '생일이 같은 학생'이 있을 확률은?

: 그런 일은 '정말로 기적'일까?

정원이 30명인 한 반에서 생일이 같은 학생이 있을 확률은 얼마나 될까? 1년은 365일이나 있으므로 학생의 생일이 겹치는 일은 좀처럼 없을 것이라고 생각할 수 있다. 하지만 실제로 그 확률은 70%가 넘는다 (계산 방법은 복잡하기 때문에 생략한다). 어떤가, 놀랍지 않은가?

본래 '어느 정도의 확률로 사건이 일어날 것인가'는 수치로 나타낼 수 있는 객관적인 값이다. 하지만 **'어느 정도의 확률로 사건이 일어날 것인가' 하는 감각은 사람마다 자신만의 주관**主觀에 따라 결정된다. 이런 감각은 일상생활 속에서 경험을 통해 몸에 밴 것이기 때문이다. 그런데 개개인이 가진 확률에 대한 감각은 얼마나 올바를까?

확률은 특정 사건의 발생 가능성을 0에서 1 사이의 숫자로 나타낸 것이다. 일반적으로 확률은 객관적이므로 **누가 보더라도 그 값은 동일하다.** 예를 들어 찌그러지지 않은 보통 동전을 던지면 앞면과 뒷면이 나올 확률은 각기 2분의 1이다. 마찬가지로 일반적인 주사위를 굴리면 모든 면이 6분의 1 확률로 나온다. 이 일에 이의를 제기하는 사람은 없을 것이다.

주관주의 확률[1]

그렇다면 확률이 매우 낮아 거의 일어나지 않는 일에서는 어떨까? 월식과 혜성 등 천체 현상의 관측이나 거대한 운석의 낙하 같은 과학 현상부터 외계인의 습격 같은 SF 세계에 이르기까지 다양한 사건을 생각해보자. 모두 확률은 작지만 확률이 '0'이라고 할 수 없다. 이러한 확률은 일반적으로 계산하기 곤란하다. 만일 확률을 계산할 수 있었다고 하면 그것은 '주관주의 확률'이라고 할 수 있을까?

---

1 베이즈 확률(Bayesian probability) 이론이라고도 하며, '지식 또는 믿음의 정도를 나타내는 양'으로 해석하는 확률 이론이다. − 옮긴이

주관주의 확률이란 **'어떤 사람이 해당 사건이 발생할 것이라고 생각할 확률'**이다. 동전의 2분의 1이나 주사위의 6분의 1처럼 물리적으로 정해지는 확률을 **'객관주의 확률'**이라고 부르는 반면, 사람이 감각으로 파악한 확률을 주관주의 확률이라고 한다.

일반적으로 비일상적인 사건이 인상적일수록 그 **비일상성이 두드러지게 느껴진다. 따라서 비일상적인 사건으로 인해 주관주의 확률은 객관주의 확률보다 커지기도 작아지기도 한다.** 구체적으로 알아보자.

[주관주의 확률이 객관주의 확률보다 커지는 예]

우리는 '개기 월식'을 좀처럼 볼 수 없다. 개기 월식은 일본의 경우 2001년부터 2050년까지 50년간 30번 발생한다고 예측한다.[2] 약 2년에 한 번 정도의 발생 빈도다. 즉 일본에서 어느 날 밤에 밤하늘을 올려다 본 사람이 우연히 개기 월식을 볼 수 있는 확률은 단 0.2%도 안 된다. 그럼에도 불구하고 TV 등에서 천체 관련 뉴스를 볼 때면 개기 월식이 그보다는 자주 일어난다는 인상을 받지는 않았는가?

---

2   이 책의 배경이 일본이므로 원서에 나온 내용을 그대로 옮겼다. 참고로 우리나라는 2001년부터 번역 시점 기준으로 2020년까지 총 6번의 개기월식이 발생했다(https://ko.wikipedia.org/wiki/월식). – 옮긴이

[주관주의 확률이 객관주의 확률보다 작아지는 예]

이번에는 앞에서 얘기했던 한 반에서 두 학생의 생일이 같을 확률을 다시 살펴보자. **한 반이 30명인 학급에서 생일이 같은 학생이 있을 확률은 70% 이상이다.** 상당히 확률이 높아 의외라고 생각할지도 모르겠다. 반면에 '특정 학생과 생일이 같은 학생이 있을 확률'은 기껏해야 8% 정도에 불과하다. 우리는 이 확률을 주관주의 확률로 생각하기 쉽다. 하지만 '(누구든지 상관없이) 생일이 같은 학생이 있는 확률'이 되면 30명인 한 반에서는 **학생들 간에 많은 조합이 생길 수 있으므로** 확률은 단번에 높아진다.

주관주의 확률을 따질 때는 **우연의 일치**가 문제가 된다. 어느 회사원이 **꿈에서 돌아가신 조상님이 나타나 다음과 같이 말씀하셨다**고 한다.

> "일만 하지 말고 가끔은 회사를 쉬고 성묘를 오너라."

이 회사원이 조상님 말씀에 따라 회사를 쉬고 성묘를 하고 있었는데, 마침 그때 집에 운석이 떨어졌다고 하자.

집은 부서졌지만 다행히 이 회사원은 부상을 당하지 않고 재난을 피할 수 있었다. 어쩌면 이 회사원은 "조상님이 날 운석 사고에서 구해주기 위해 성묘를 오라고 꿈에서 알려주신 거야. 이건 정말로 기적적이고 감동적인 일이야!"라고 생각할 수도 있다. 하지만 **이것을 정말 기적이라고 말할 수 있을까?**

집에 운석이 떨어지는 일은 좀처럼 일어나지 않는다. 이 회사원이 성묘하러 가는 일도 거의 없다. 즉, 운석 낙하와 성묘가 겹칠 확률은 극히 낮다. 하지만 성묘하러 가는 대신에 평소와 같이 회사에 출근했다 하더라도 운석이 떨어져 부상을 입을 일은 없기 때문에 신체적인 피해는 발생하지 않았을 것이다.

이와 같은 사례는 운석이 떨어질 확률이 문제가 아니라 외출하고 있을 확률이 얼마나 되는지가 중요하다. 이 사람은 회사원이므로 평일 낮에는 회사에서 일을 한다. 낮에 집에 운석이 떨어졌더라도 재난을 피할 가능성이 높았을 것이다. 운석 낙하라는 인상적이고 일상적이지 않은 일을 당했을 때 외출을 해 재난을 피했다면, 외출한 이유가 무엇이든 기적이라고 생각하는 것은 당연한 결과다. 이 사례에서는 운석 낙하로 사람이 다치는 객관주의 확률보다 주관주의 확률이 낮다.

이처럼 우연의 일치를 기적으로 여기고, 신비하고 초자연적인 현상을 의심하지 않고 믿고 받아들이는 경우가 있다. 예로부터 내려오는 **미신이나 불합리한 관습에 이러한 주관주의 확률이 포함된 경우가 많을 것**이다. 이러한 미신 등에 현혹되지 않으려면 우연의 일치가 무엇인지 냉정하게 생각해보고, 무엇이 일상적이고 무엇이 일상적이지 않은지 판단하는 것이 중요하다.

19

'태풍'과 '소매치기'를 만날 확률은 몇 퍼센트일까?

: 사건의 '관련성'을 의심하는 습관

뉴스의 일기 예보에서 '강수 확률은 서울 20%, 대구 30%, 부산과 울산
은 모두 10%'라고 보도했다고 하자. 그런데 이 4개의 확률을 곱해서 '서
울특별시와 세 광역시에 비가 올 확률이 0.06%'라고 생각해도 될까?
매우 작은 확률이라 뭔가 이상하다는 느낌이 들 것이다.

TV 일기 예보의 강수 확률처럼 확률은 일상생활에 깊숙이 스며들어
있다. 확률은 0부터 100%까지의 값을 사용하며, 수치가 클수록 현상
(이 경우 비가 내리는 것)이 발생할 가능성이 높다는 것을 나타낸다. 하지

만 **확률을 계산할 때는 조금 더 주의**가 필요하다. 구체적인 예를 살펴보면서 함께 생각해보자.

확률은 법정에서 유력한 증거로 사용될 수도 있다. 1980년대 중반부터 **'DNA 감정'**이 범죄 사건의 수사 증거로 채택되기 시작했다. DNA 감정은 사건 현장에 남겨진 혈흔의 DNA와 용의자로부터 채취한 머리카락 등의 DNA를 비교해 일치 여부를 확인하는 것이다. 형사 드라마에서도 자주 나와서 친숙할지도 모르겠다.

당시에는 DNA 감정 방법이 조잡하고 정밀하지 않아 우연히 다른 사람과 DNA가 일치할 확률이 0.1% 정도나 있었다고 한다. 최근에는 눈에 띄게 정밀도가 높아져서 다른 사람과 **우연히 일치할 확률은 0.00000000002%** 정도로, 거의 0에 가까워져 재판에서의 증거 능력도 높아졌다. 다만 DNA 감정이 채택된 초창기에 DNA 감정을 잘못하거나 감정 결과를 과신해 무고한 사람에게 누명을 씌웠던 사건과 관련해서 반성하기도 한다.

(우리나라의 대법원에 해당하는) 일본 최고재판소 산하 사법연구소가 2013년에 공식적으로 발표한 보고서에서는 "DNA 감정 결과를 사용해 올바른 판단을 하려면 DNA 감정 이론, 기술의 지향점과 제약 사항을 제대로 이해하는 것이 필수적이다. 이론적 근거가 납득할 수 있다는 것만으로 검사 결과와 그것이 갖는 의미를 과신하거나 과대 평가해서는 안 된다."라고 설명하고 있다.

또한 확률은 '자연재해나 사고 등이 어느 정도 발생할 수 있는가'를 나타내기 위해 사용하기도 한다. 조금 오래된 사례지만 지진조사연구추진본부 소속 지진조사위원회가 2006년에 발표한 보고서에서는 일본의 자연 재해, 사고 등의 발생 확률을 참고 데이터로 제공하고 있다. 30년간 발생할 확률은 다음과 같다.

호우로 재해를 입을 확률은 0.50%

태풍으로 재해를 입을 확률은 0.48%

화재로 재해를 입을 확률은 1.9%

빈집털이를 당할 확률은 3.4%

날치기를 당할 확률은 1.2%

소매치기를 당할 확률은 0.58%

발생 확률을 살펴볼 때 주의해야 할 점이 있다. 몇 가지 사건이 겹치는 복잡한 사건의 발생 확률을 생각할 때는 **각각의 사건이 서로 영향을 주지 않고 독립적인지**가 중요하다. 사건이 서로 독립적이라면 각 사건의 발생 확률을 곱한 값이 모든 사건이 함께 발생할 확률이 된다. 앞에서 설명한 자연재해나 사고가 발생할 확률에서 태풍으로 인한 재해와 소매치기 피해가 독립적인 사건이라고 가정하면, 30년 동안에 **두 사건이 모두 발생할 불운의 확률은 0.003%**(=0.48%×0.58%)이다. 이와 같은 일은 확률적으로는 거의 발생하지 않는다고 말할 수 있다.

하지만 사건이 독립적이지 않은 경우 발생 확률을 곱하더라도 정확한 답을 얻을 수 없다. 호우로 인한 재해와 태풍으로 인한 재해는 어떨까? 두 재해가 따로 발생할 수도 있지만 일반적으로는 독립적이기보다는 태풍이 발생하면 호우가 발생하는 경우가 많다고 할 수 있다. 이럴 때 30년간 호우와 태풍 모두 재해를 입을 확률은 0.002%(=0.50%×0.48%)로 계산해서는 안 된다. 이 두 재해 사이의 관계가 밀접하다면 두 재해를 모두 입을 확률은 각각의 확률을 크게 밑돌지 않은 0.4% 이상으로 생각하는 편이 타당할 것이다.

현실 사회에서는 각각의 사건이 독립적이라고 딱 잘라 말할 수 있는 경우가 더 적다. 1주일 후에 주가 상승과 금리 상승이 함께 발생할 확률이 각각의 확률의 곱이라고 생각해서는 안 된다. 어떤 사람이 앞으로 5년 동안 고혈압과 뇌졸중 모두 걸릴 확률은 각각의 확률의 곱이 아닐 것이다. 향후 10년 동안 아프리카의 사막 면적 확대와 일본으로 태풍이 오는 횟수의 증가가 함께 발생할 확률은 (명확하게 단언할 수는 없지만) 세계 기상 동향을 감안하면 각각의 확률의 곱으로 봐서는 안 된다.

마지막으로 사건의 독립성에 관한 다음과 같은 우스갯소리가 있어 소개한다.

비행기 운항 중 조종실에서 부기장이 기장에게 이런 말을 했다.

"이 항공기의 엔진 1개가 고장이 나서 정상적으로 작동하지 않을 확률은 10만분의 1이래요. 이 항공기는 엔진 2개가 탑재돼 있으니 두 개 모두 고장이 나서 항공기가 추락할 확률은 10만분의 1 곱하기 10만분의 1, 즉 100억분의 1이겠네요. 이 정도의 확률이라면 매우 안심이 되네요."

2개 엔진의 전기계통이나 연료 주입 구조 등이 독립적이라는 보장은 없다. 독립적이라는 사실을 확인할 수 없다면 확률을 곱하면 안 된다. 이 비행기의 기장은 부기장에게 확률 교육을 해야 할 것 같다.

우스갯소리를 할 때는 상관없겠지만, 올바르게 이해하고 판단하려면 각 사건에 어떤 관련성이 있는지 냉정하게 생각해보는 것이 중요하다.

겉보기 '매출 상승'에 속지 않는다

: 숫자 트릭의 '거짓을 간파하는' 방법

우리가 일하거나 공부할 때는 항상 '성과'나 '성적'이 따라다닌다. 회사 경영자라면 올해 회사 실적, 영업 사원이라면 이번 달 매출 실적, 학생이면 2학기 영어 점수 같이 다양한 **일의 성과가 숫자로 평가**된다. 회사 경영자, 영업 사원, 학생 모두 자신의 성과나 성적에 신경이 쓰이는 것은 어쩔 수 없다. 성과를 평가하는 것이 회사나 개인에게 생기와 의욕을 북돋는 계기가 된다면 좋은 일이라 할 수 있다. 성과를 높이려고 경영 전략을 연구하거나 업무 스킬을 익히거나, 공부해서 지식을 습득한다면 의미가 있다고 할 수 있다.

하지만 진짜 실력을 기르지 않고, **단지 겉보기 성과를 좋게 보이도록 책동하는 것은 정말 헛된 일**이다. 다음과 같은 예를 생각해보자.

주택 판매 업무를 하는 한 회사는 11개의 영업 지점을 갖고 있다. 1년 동안의 주택 판매 실적 건수에 따라 상위 6개 지점을 '판매 우수 그룹', 하위 5개 지점을 '판매 부진 그룹'으로 나눈다. 어느 해에 판매 건수가 '180건, 170건, 160건, 155건, 150건, 145건'인 지점이 판매 우수 그룹으로 선정됐다. 반면에 판매 건수가 '140건, 135건, 130건, 120건, 110건'에 불과한 지점은 판매 부진 그룹으로 선정됐다. 사장님이 이 두 그룹의 판매 실적을 높이라고 지시했다면 어떻게 해야 할까?

이 회사의 영업담당 임원이 묘안을 생각해냈다. 바로 판매 우수 그룹과 판매 부진 그룹을 **나누는 기준을 조정하는 것**이다.

구체적으로는 145건의 부동산을 판매한 지점을 판매 우수 그룹에서 판매 부진 그룹으로 옮겨 버리는 것이다. 그렇게 하면 판매 우수 그룹의 평균 판매 건수가 '160건에서 163건'으로 증가하고 판매 부진 그룹의 평균 판매 건수도 '127건에서 130건'으로 증가한다. 영업담당 임원은 두 그룹 모두 성적이 좋아졌기 때문에 그야말로 정말 일석이조의 묘안 이라고 생각하면서 웃음 지었다.

다음의 그림을 살펴보자. 확실히 변경된 기준으로 그룹을 다시 분류함으로써 겉으로 보기에는 두 그룹 모두 판매 실적이 좋아졌다.

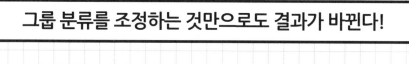

그룹 분류를 조정하는 것만으로도 결과가 바뀐다!

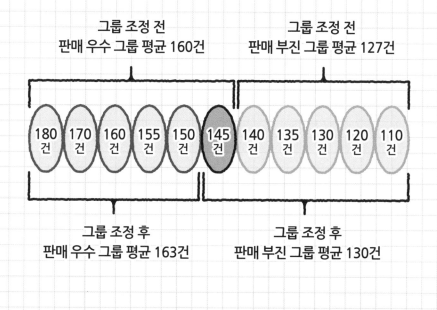

그룹 조정 전
판매 우수 그룹 평균 160건

그룹 조정 전
판매 부진 그룹 평균 127건

| 180건 | 170건 | 160건 | 155건 | 150건 | 145건 | 140건 | 135건 | 130건 | 120건 | 110건 |

그룹 조정 후
판매 우수 그룹 평균 163건

그룹 조정 후
판매 부진 그룹 평균 130건

하지만 잠시 생각해보자. 이처럼 수치상으로 판매 성과가 좋아졌다고 해서 회사의 판매 능력이 정말 좋아졌다고 할 수 있을까? 당연히 그렇지 않다. 이러한 그룹 분류에 의한 **숫자 트릭은 단지 표면적인 조작**에 불과하다. 사장님은 이와 같은 겉보기식 실적 개선으로는 절대로 만족하지 않을 것이다.

이런 트릭은 보건의료 관련 통계에서도 발생한다. 예를 들어 '악성종양'[1]은 종양의 크기, 전이 정도 등에 따라 I~ IV 네 단계로 분류할 수 있다. I에서 II, III으로 진행됨에 따라 병세가 더 악화된다. 그리고 각 단계의 5년 생존율에 따라 환자에게 시행된 치료법과 약제 등의 효능이 측정된다.

한 병원에서 어떤 환자의 병세가 두 단계의 경계 수준에 걸쳐 있다고 하자. 이 환자를 병세가 심하지 않은 낮은 단계로 판정하면 해당 단계에 있는 다른 환자보다 상대적으로 병세가 위중하다. 하지만 병세가 더 위중한 높은 단계로 판정하면 해당 단계에 있는 다른 환자에 비해 병세가 가벼워진다. 이 환자를 위중한 그룹인 높은 단계로 판정하면, 낮은 단계로 판정할 때에 비해 두 단계 모두 외관상 생존율이 상승한다. 이처럼 외관상 생존율이 상승하는 현상을 종양학 전문용어로 '**스테이지 마이그레이션**stage migration'이라고 한다. 보건의료 통계를 작성할 때 이러한 현상이 발생했는지를 파악하려면 환자의 단계 분포가 변화하는지를 확인해야 한다.

주택 판매 회사의 사례처럼 의도적으로 성적을 좋게 만들려고 그룹 분류를 바꾸는 것은 논의할 가치도 없는 일이다. 당혹스러운 것은 의도하지 않아도 보건의료 통계의 스테이지 마이그레이션 같은 영향이 치료 실적에 반영된다는 점이다. 어떤 치료법이나 약제 등의 임상시험을 할 때는 이 점에 충분히 주의해야 한다.

---

1 세포조직이 자율적으로 비정상적이고도 지나치게 증식하는 것을 말하는 악성 신생물 – 옮긴이

성과를 나타내는 숫자에 어떤 속임수가 사용됐을지 모를 일이다. 성과를 어떻게 산정했는지를 스스로 직접 생각해본다면 본질을 간파하는 힘을 키울 수 있다.

'평균값'은 집단을 대표하는가?

: 일부 '돌출 데이터'를 찾는다

통계를 제대로 이해하는 지름길은 **통계 데이터를 의심해보는 것**이다. 통계가 표시하는 내용이 항상 옳다고 할 수 없기 때문이다. 예를 들어 통계에서 많이 다루는 **'평균값'**은 어떨까? 평균값은 해당 값이 집단의 대표적인 모습을 나타낸다고 볼 수 있다는 점에서 매우 편리하다. 하지만 이런 **평균에도 몇 가지 함정**이 있다. 자세히 살펴보자.

첫 번째로 **일부 데이터의 차이가 매우 크면 평균값이 영향을 받는다**는 사실이다. 건강한 40세 남성으로 구성된 100명의 집단이 1년에 몇 차례 입원하는가(입원율)를 평균으로 살펴보자.

입원율은 집단의 과거 1년간의 총 입원 횟수를 100으로 나눠서 구한다. 아마도 많은 사람이 한 번도 입원하지 않았거나 많아야 한 번 정도 입원했을 것이다. 하지만 그중에는 몸 상태가 좋지 않아 여러 번 입원과 퇴원을 반복하는 사람이 있는지도 모른다. 그런 사람이 **한두 명 정도 있으면 집단의 평균값은 크게 상승**한다.

예를 들어 100명 중 1번 입원한 사람이 5명이고, 나머지 사람은 한 번도 입원하지 않았다면 입원율은 5%가 된다. 하지만 입원하지 않은 사람 중에 1명이 정신질환이 발병해 입원과 퇴원을 10번 반복하면 입원율은 15%로 치솟는다.

두 번째로 집단이 편향돼 있다면 평균이 왜곡돼 버린다는 것이다. 미국의 사례로 남성 전립선암의 치료법별로 성기능 장애가 발생하지 않고 성기능을 회복한 비율이 조사돼 해당 결과가 신문에 보도됐다. 조사 결과는 내부에서 전립선 전체에 방사능을 쐬는 소선원小線源 치료, 방사선 치료, 외과 수술의 순서로 회복률이 높았다. 이 결과를 바탕으로 "소선원 치료가 수술 후에 가장 성기능 장애를 일으키지 않는다."라고 결론을 내렸다.

다만 여기서 생각해야 할 점은 원래 소선원 치료는 '젊고 몸 상태가 좋은 남성에 주로 사용하는 치료법'이다. 그렇다면 **이 결과는 지극히 당연한 것**이라고 말할 수 있다. 평균값 계산의 원본 집단에 주의해서 살펴보고, 데이터 성질이 같다고 할 수 있는지를 생각해야 한다.

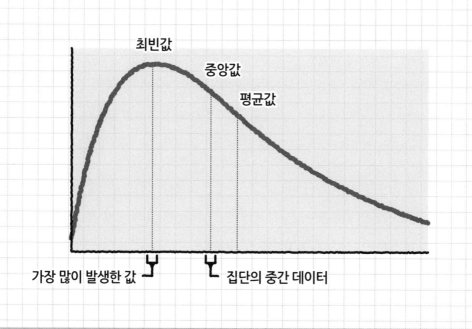

최빈값

중앙값

평균값

가장 많이 발생한 값 ⅄⅄ 집단의 중간 데이터

세 번째로 **집단이 너무 작으면 평균값이 집단을 대표하지 않는다**는 것
이다. 큰 집단에서는 데이터 분포가 안정돼 있으므로 평균값에서 먼
지점의 데이터는 한정된다는 것이 수학의 정리定理다. 반대로 말하면
작은 집단에서는 데이터 분포가 안정되지 않아서 평균값이 변동되기
쉽다. 예를 들어 어떤 집단 중에서 1년에 몇 명이 감기에 걸리는지를
추정한다고 하자. 감기에 걸린다, 걸리지 않는다는 분포가 안정돼 평균
값으로 자리 잡으려면 집단에는 적어도 30명 이상의 사람이 필요하다.

10여 명 정도의 집단에서 데이터 평균값을 계산하더라도 그다지 신뢰할 수 없게 된다. 그러면 평균값 대신 뭔가 집단을 대표하는 적절한 지표는 없을까? **집단의 딱 중간 데이터 값인 '중앙값'과 가장 많이 발생한 데이터인 '최빈값'**이 대체할 수 있는 지표의 후보가 될 수 있다. 실제로 중앙값과 최빈값은 평균값의 약점을 보완할 수 있다(하지만 평균값이 갖는 수학적 성질이 성립되지 않는 경우도 있어 통계 실무에 적용하기 어려워 거의 사용되지 않는 듯하다).

이와 같이 통계에서 기본이라고 할 수 있는 평균값조차도 의심해보면 신빙성에 여러 의문점이 생긴다. 단순하게 아무 생각 없이 통계 결과를 믿는 것은 오류의 근본 원인이 될 수 있으므로 피해야 한다. 비단 통계뿐만이 아니더라도 사건을 생각할 때 상식과 전제에 의문을 제기해보는 것은 매우 중요하다. 어떤 일과 관련해 얻은 정보를 그대로 믿지 않고 **비판적으로 보는 자세를 갖는 것은 '본질을 꿰뚫어보는 힘'을 강화하기 위한 첫걸음**이 된다.

'기온 30도 정도'의 감각은 사람마다 다르다

: '통계수치'의 애매함을 이해한다

정당 지지율 여론 조사, TV 프로그램의 시청률, 연예인 인기 순위...
세상에는 다양한 조사가 있으며, **수치 데이터에는 오차가 있게 마련**이다.
여러 데이터를 서로 더하거나 나누는 등의 계산을 하게 되면 당연히
데이터에 포함된 오차도 영향을 받는다. 수치 계산 사례를 실제로 살
펴보자.

사물에 대한 감각은 사람마다 다르다. 예를 들어 기온 30도를 덥다고
느끼는 사람도 있고, 그렇지 않은 사람도 있다. 온도계를 사용해 온

도를 측정할 수 있어도 사람의 감각까지 측정하기란 쉽지 않다. 여기서 온도에 따라 운전 방법을 바꾸는 공조설비[1]를 생각해보자. 이 설비는 온도를 '30도'라는 하나의 값이 아니라 '30도 **정도**'라는 식으로 표현한다.

'30도 정도'는 28도에서 32도까지이며, 30도를 산의 정상으로 표현한 그림으로 나타낸다. 155페이지 그림 ①의 세로축은 0에서 1까지의 값을 가지며, 어느 정도의 비율로 해당 값에 귀속되는지를 나타내는 '소속도^{degree of membership}'를 나타낸다. 소속도는 해당 온도를 30도로 인정하는 사람의 비율을 말한다.

그림에서 30도는 소속도가 1, 28도와 32도는 소속도 0, 29도와 31도는 소속도가 0.5다. 즉, "29도와 31도를 30도로 해도 괜찮아."라고 인정하는 사람이 절반 정도 있는 상태다(수학적인 엄밀성에 대한 내용은 생략한다). 이와 같은 표현법을 '**퍼지 수**^{fuzzy number}'라고 한다(그림 ②). 퍼지는 '**애매한, 불명확한**'이라는 의미를 가진다. 퍼지 수를 다루는 이론은 퍼지 이론^{fuzzy theory}이라는 응용 수학의 한 분야다. 퍼지 수끼리는 사칙연산이 가능하다. 다음과 같이 '5 정도'와 '2 정도'의 계산을 생각해보자.

---

1   공조설비: 공기조화(HVAC, Heating Ventilating & Air Conditioning) 설비의 약자로 실내 또는 특정 공간에서 사람 또는 물품을 대상으로 온도, 습도, 환기, 청정도 및 기류 등을 해당 공간의 용도에 적합한 상태로 조정해 쾌적한 실내환경을 유지하는 설비다. - 옮긴이

'퍼지 수'를 어떻게 표현할까?

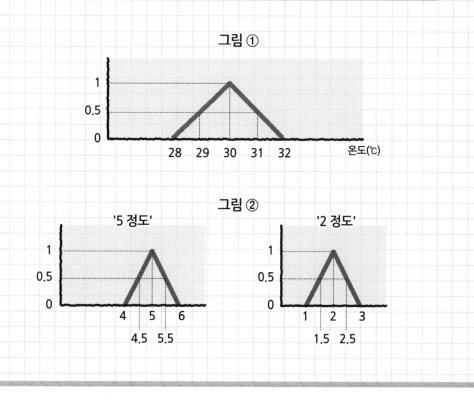

먼저 덧셈을 살펴보자. '5 정도'와 '2 정도'의 합은 157페이지 그림 ③과 같다. 두 개의 퍼지 수를 더하면 애매함이 더 커진다. 이어서 뺄셈을 살펴보자. '5 정도'와 '2 정도'의 빼기는 그림 ④와 같으며, 더했을 때와 마찬가지로 애매함은 더 커진다. 다음으로 '5 정도'와 '2 정도'의 곱셈을 살펴보자. 이 예에서는 그림 ⑤처럼 곱할 때의 애매함이 더하거나 뺄 때보다 더 확대된다. 하지만 −1에서 1 사이 값을 곱할 때는 애매함이 줄어들기도 한다. 또한 산의 좌우가 비대칭인 것도 덧셈이나 뺄셈과는 다른 특징이다.

마지막으로 '5 정도'와 '2 정도'의 나눗셈을 살펴보자. 이 예에서는 그림 ⑥ 같이 몫의 애매성이 커지는 정도는 덧셈과 뺄셈의 경우와 크게 다르지 않다. 하지만 나누는 수가 −1에서 1 사이의 수라면 몫의 애매함이 더 커지기도 한다. 또한 곱할 때와 마찬가지로 산의 좌우가 비대칭이 된다.

미래의 수지 예측과 사회 변화 등의 시뮬레이션 계산을 수행할 때 **'거듭 제곱 계산을 하면 오차가 더욱 더 커진다'**라고 말한다. 여러 번 곱셈을 하면 애매함이 더 커지기 때문이다. 그러므로 곱셈을 반복할 때에는 계산 결과의 신뢰성에 주의가 필요하다. 이처럼 수치를 보이는 대로만 받아들이지 말고 신뢰할 수 있는지 의심해보는 것이 중요하다. 통계 데이터를 볼 때 숫자에 포함된 오차를 생각하는 습관을 들이도록 하자.

퍼지 수의 사칙연산

그림 ③ '7 정도'

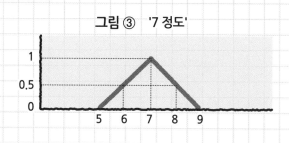

그림 ④ '3 정도'

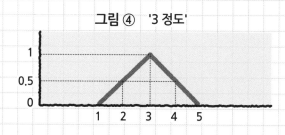

그림 ⑤ '10 정도'

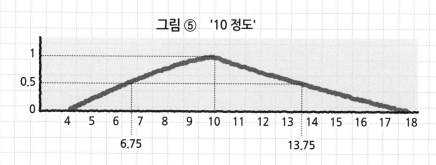

그림 ⑥ '2.5 정도'

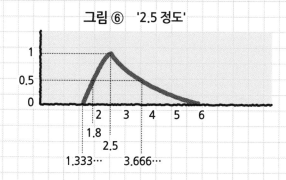

'수의 논리'가
통하지 않는 때를 간파한다

: '작은 것으로 큰 것을 제압'하는 현명한 사고 방법

'수가 많으면 많을수록 좋다'라는 단순한 사고 방법이 있다. '선거'가 그 전형적인 예라고 할 수 있다. 선거의 기본 개념은 '다수결로 승부를 결정한다'는 것인데, '더 많은 표를 받은 사람이 당선된다'는 이 개념은 쉽게 이해할 수 있다는 장점이 있다. 이 예처럼 다수결은 비교적 쉽게 받아들일 수 있는 사고 방법이어서 많은 사람이 쉽게 이해할 수 있을 것으로 생각한다. 그렇기 때문에 한번 냉정하게 생각해보겠다.

과연 정말로 '수가 많으면 많을수록 좋다'고 할 수 있을까? 정말 **수가 많을수록 영향력이 크다**'고 할 수 있을까? '주주총회'를 예로 들어보자.

주식회사에서는 매년 '주주총회'를 개최한다. 주주총회는 회사에 중요한 사항을 결정하는 의결 기관으로 다양한 사안이 제출된다. 해당 사안의 가결과 부결 여부는 주주의 다수결에 의해 결정된다. 그런데 주주의 **'의결 영향력'**은 의결권 수, 즉 '보유 주식 수'와 같다고 말할 수 있을까? 앞에서 언급한 '수가 많으면 많을수록 좋다'라는 사고 방법으로는 '보유 주식 수가 많을수록 의결에서의 영향력도 크다'고 할 수 있다. 과연 이 추측이 올바른 것일까?

총 주식 수가 100주인 주식회사가 있다고 생각해보자. 이 회사의 주주는 A, B, C, D의 4명이다. A는 35주, B는 30주, C는 25주, D는 10주의 주식을 갖고 있다. 주주가 어떤 사안을 과반수의 다수결로 의결한다고 생각해보겠다(기권이나 무효는 생각하지 않기로 한다). 이 경우 주주 D는 주식을 10주 밖에 갖고 있지 않으므로 자력으로는 다수파를 만들 수 없다. 실제로 D와 연합하기 전에 과반수가 넘는 주식을 보유한 주주가 없는 상태에서 D가 합류한다고 해도 해당 주주의 보유 주식이 과반수를 넘길 수는 없다. 따라서 주주 D의 의견이 찬성이든 반대든 사안의 의결에 아무런 영향을 주지 않으므로, 주주 D의 의결 영향력은 없다고 할 수 있다.

그러면 주주 C는 어떨까? 주주 C의 보유 주식 수는 25주로 전체 4명 중에 3위다. 주주 A와 연합하면 60주, B와 연합하면 55주가 되므로 어

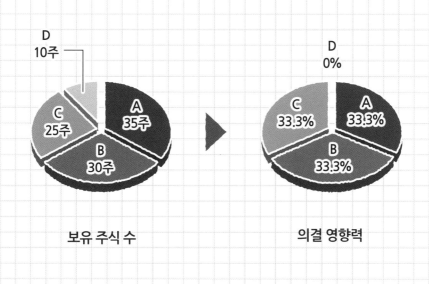

보유 주식 수와 관계없이 영향력은 동일하다

D
10주

C
25주

A
35주

B
30주

보유 주식 수

D
0%

C
33.3%

A
33.3%

B
33.3%

의결 영향력

느 쪽과 연합하더라도 모두 과반수를 넘는다. 즉, 다수를 만들 수 있으므로 주주 A나 B만큼의 영향력이 있다고 할 수 있다.

이러한 상황과 관련해서 '게임 이론'에서는 의결 영향력을 추측하는 지표가 있다. 의회 등에서 투표율을 추측하는 지표로 유명한 것이 '샤프 지수Sharpe Ratio'다.

계산 방법은 조금 까다로우므로 생략한다. 샤프 지수를 구해 추측해보면 이 그림처럼 주주 A, B, C의 영향력은 각각 33.3%이며, 주주 D의 영향력은 0%라는 사실을 알 수 있다.

주주 A가 35주, 주주 B가 30주, 주주 C가 25주의 주식을 보유하고 있는 것처럼 보유 주식 수에 차이가 있더라도, 의결 영향력을 나타내는 지표는 33.3%로 모두 동일하다. 즉, '보유 주식 수가 많으면 많을수록 의결에서의 영향력은 커진다'는 추측은 맞지 않는다.

다음으로 주주 C(25주)가 A(35주)에게 주식 5주를 양도했다고 하자. 보유 주식 수는 A 40주, B 30주, C 20주, D 10주가 된다. 여기에서 '샤프 지수'로 의결 영향력을 계산하면 A가 41.7%, B와 C가 각각 25%, D가 8.3%이다. 흥미롭게도 B와 C는 보유 주식 수가 10주나 차이가 나는데도 의결 영향력은 25%로 모두 동일하다. 또 다시 '보유 주식 수가 많으면 많을수록 의결에서의 영향력은 커진다'라는 사고 방법이 성립되지 않는 결과가 나왔다. 게다가 주식 양도가 이뤄진 A와 C뿐만 아니라 양도와는 무관한 B와 D의 영향력에도 변화가 생겼다.

이 예를 통해 아무리 많은 사람이 이해하는 사고 방법이라 하더라도 의심하지 않고 일을 추측하는 데 이용하는 것은 위험하다는 사실을 알 수 있다. 의결 영향력이 미치는 것은 주주 총회만이 아니다.

일상생활에서는 반상회 모임이나 자녀가 다니는 초·중학교의 학급 회의 등 다수결로 정책이나 방침을 결정하는 상황에 모두 적용된다. 이럴 때는 각 사안의 지지자 수와는 별개로 샤프 지수 같은 의결 영향력을 따져 볼 필요가 있다. 어떤 사안을 결정할 때, 소수의 인원일지라도 인원수 비율보다 높은 영향력을 가질 수도 있기 때문이다.

10주 차이가 나더라도 영향력은 같다!?

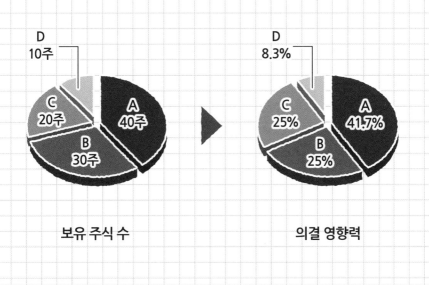

D
10주

C
20주

A
40주

B
30주

보유 주식 수

D
8.3%

C
25%

A
41.7%

B
25%

의결 영향력

무술에서는 '작은 것일수록 큰 것을 제압할 수 있다'[1]는 말이 있다. 체구가 작은 사람도 단련을 하면 큰 사람을 이길 수 있다는 의미다. 의결 영향력에서는 '다수를 제압한다'까지는 아니라도 '다수에 필적하다'라고 할 수는 있을 것 같다. "소수 세력이라 힘들어.", "수의 힘은 이길 수 없어."라고 포기하기 전에 "앞으로 ○표 늘어나면 영향력을 □% 늘릴 수 있어."라고 생각하는 긍정적인 자세와 사고 방법을 갖는 것이 중요하다.

---

1 작은 것일수록 큰 것을 제압할 수 있다(小よく大を制す)는 표현은 일본 무술에서 사용하는 격언이다. 작다고 처음부터 승부를 포기해서는 안 되며, 승부에서는 작은 것이 유리하게 되는 경우도 많아 작음의 장점을 활용하면 큰 것을 이기는 게 불가능한 일은 아니라는 의미다. - 옮긴이

리스크를 피할까? 안고 갈까?

: 단순하게 생각하는 힘

단순하게 생각하면 문제는 자연스럽게 해결된다

■ ■

단순함이란 궁극의 세련됨이다. 이 말은 명화 '모나리자'를 그린 레오나르도 다빈치의 명언이다. 군더더기를 없애서 '본질만 남기는 것'이야말로 궁극의 세련됨이라는 의미일까? 명언을 해석하는 일이야말로 좀처럼 '단순'하게 할 수 있는 일이 아닌 것 같다.

지금은 일, 자본이 전 세계 모든 사람과 상호연결되는 편리한 시대다. 한편으로는 인구 증가, 빈부 격차, 지역 분쟁, 무역 마찰, 환경 파괴 등 여러 가지 문제가 발생하고 있다. 세상은 **확실히 '복잡해지고 있다'**고 말할 수 있다. 이렇게 세상이 점점 복잡해지는 때야말로 우리에게는 **'단순하게 생각하는 힘'이 필요**하다. 단순하게 생각하는 힘이란 어수선하고 혼란스러운 상태에서 핵심만을 뽑아 알기 쉽게 문제를 해결해 나가는 능력을 말한다. 그럼 '단순하게 생각'하려면 어떻게 해야 할까?

통계사고에서는 '중요한 정보에만' 초점을 맞추는 것을 중요하게 생각한다. 그러려면 정보를 정리해서 중요한 것을 선별해야 한다. 구체적으로 살펴보자.

많은 업무가 한꺼번에 몰려올 때를 생각해보자. 직장 상사가 데이터 수정을 지시하고, 거래처에서는 견적서를 보내달라고 한다. 또 동료가 수식 확인을 부탁하고, 재무담당자가 비용을 정산해달라고 한다. 한 번에 일을 전부 해내기는 불가능하다. 이는 일하다 보면 자주 마주치는 모습일 것이다. 이런 상황에 처했다면 어떻게 하겠는가?

'중요하면서도 긴급한 일'은 내버려두면 문제가 일어날 가능성이 크므로, 이런 일을 우선 처리 업무로 정하는 것이 원칙이다. 그러나 중요하면서도 긴급한 일을 선별하는 것은 간단하지 않다. 이럴 때는 앞서 언급한 원칙을 '내버려 둬도 문제가 일어날 확률이 낮은 일은 중요도 또는 긴급도가 낮은 일'이라고 생각해보자(수학적으로는 대우^{對偶}[1]라고 한다). 중요도나 긴급도가 낮은 업무를 골라내기는 쉽다. 그 결과 마지막에 남은 업무는 중요하면서도 긴급한 일이므로 당연히 바로 이 업무에 착수해야 한다. 4장에서는 통계사고를 바탕으로 단순하게 생각하는 여섯 가지 방법을 소개한다.

1 　논리에서 'p이면 q이다'라는 명제가 참이면 명제를 부정한 'q가 아니면 p가 아니다'는 명제도 참이다. 후자를 대우라고 한다. – 옮긴이

보험료 설정에서 '적절한 여지'란?

: '여지를 두면' 유연하게 대처할 수 있다

일을 단순하게 생각하려면 **어느 정도 여유롭게 일하는 자세도** 필요하다. 이렇게 말하니 마치 불성실하게 일하라는 느낌으로 받아들일지도 모르 겠다. 그러나 어떤 일이든 상세하게 계획을 세운 뒤 완벽하게 실행에 옮기려고 하면 많은 시간과 노력이 든다. 게다가 상황이나 환경이 조금 만 바뀌어도 이에 맞추려고 세세한 부분까지 수정해야 할 수도 있다. 그보다는 **중요한 요소만 확실하게 파악하고, 그 외의 것은 비교적 덜 상세히 취급하는** 편이 좋을 때가 많다. 이와 관련해 생명보험사에서 보험료를 산정하는 예를 생각해보자.

보험이 유지될 수 있는 이유는 **특정 가입자의 리스크를 가입자 전원이 다같이 나눠 부담**하기 때문이다. 가정에서 돈을 벌어오던 사람이 혹시라도 사망했을 때 유족이 생활을 계속하려면 일반적으로 수 억원 정도가 필요하다. 이런 큰 돈을 미리 준비해두기는 쉽지 않다. 또한 만일의 사태에 대비해 돈을 모으는 도중에 사고가 발생할 수도 있다. 그래서 생명보험처럼 가입자 간에 서로 돕는 장치가 필요한 것이다.

생명보험에는 **집단 내에 속한 가입자의 리스크가 각기 다르다**는 문제가 있다. 일반적으로 성별이나 연령이 다르다면 연간 사망률에 차이가 발생한다. 같은 남성이라도 **30세와 50세는 사망률이 4배나 차이가 나며**, 같은 나이라도 성별에 따라 사망률이 배 정도 차이가 난다. 이처럼 30대 남성과 50대 남성의 리스크에는 차이가 있다.

이런 사망률의 차이를 무시하고 보험료를 모두 동일한 금액으로 책정한다면 어떻게 될까? 사망률이 낮은 30세 남성이 사망률이 높은 50세 남성의 리스크를 부담해야 한다. 마찬가지로 사망률이 낮은 여성이 사망률이 높은 남성의 리스크를 부담해야 한다. 이렇게 되면 **보험료를 불공평하게 부담**하게 된다. 그럼 어떻게 하면 좋을까?

보험료를 성별, 연령별로 산정한다. 이렇게 하면 일단은 보험료를 공평하게 부담하는 것처럼 보인다. 그러나 같은 30대 남성이라도 지금껏 몇 번이나 병에 걸려 입원한 적이 있는 사람과 입원을 해본 적이 없는 건강한 사람이 있을 것이다. 이런 두 사람의 보험료를 동일하게 책정하는 것도 불공평하다. 그래서 둘의 차이를 보험료에 반영하기 위해 가입자를 **우량체**나 **표준체**[1] 같은 등급으로 구분하고 이에 따른 보험요율을 설정한다.

30세인 건강한 남성이 두 명 있다 하더라도 식습관에 차이가 있을 수도 있다. A씨는 매일 세 끼를 일정한 시간에 먹으며, 양과 영양 측면에서 균형 잡힌 건강한 식사를 하고 있다. 그에 비해 B씨는 아침을 먹지 않을 때가 있는 등 식사 시간이 일정하지 않으며, 고칼로리, 고지방 음식만 섭취하는 안 좋은 식생활을 하고 있다. 이런 A씨와 B씨를 상대로 보험료를 다르게 산정해야 할까? 공평함의 측면으로만 접근하면 이 두 사람은 식생활에 차이가 있으므로 사망이 발생할 위험에도 차이가 있다고 보고 보험료를 다르게 해야 한다고 결론을 내려야 한다.

하지만 일이란 그렇게 단순한 것만은 아니다. 어느 날을 기준으로 이 두 사람의 식습관이 완전히 반대가 된다면 어떨까? A씨는 일이 잘 안 풀리는 데 스트레스를 받아 갑자기 거짓말처럼 지금까지 이어온 건강한 식생활을 버리고, 고칼로리 정크푸드만 먹는 식생활을 하게 될 수도 있다. 이와 반대로 B씨는 건강검진을 받은 뒤 의사가 충고한 내용을 진지하게 받아들여 매일 세 끼 칼로리와 영양 균형에 신경 쓴 건강한 식생활을 시작할 수도 있다.

---

1   생명보험에서는 건강상태와 직업 등을 고려해 위험도에 따라 우량체, 표준체, 표준미달체, 거절체(사절체) 등으로 가입자 등급을 구분한다. 이 중 우량체는 일반적으로 혈압과 체격이 기준 범위 이내면서 금연하는 사람을 말하며, 표준체는 보통 수준의 건강한 사람을 말한다. – 옮긴이

애초에 **보험료에 리스크를 반영하는 데는 한계가 있다.** A씨와 B씨를 놓고 볼 때 식생활 외에 취미, 주거지, 직업, 성격, 소득, 보유자산 등의 요소가 모두 같을 수가 없다. 이런 차이점을 모두 보험료에 반영하려고 하면 수백, 수천 가지 요율 구간이 필요하므로 현실적이지 않다. 이처럼 어떤 요소를 어느 정도까지 보험료에 반영해야 하는가 같은 문제는 의외로 어려운 문제다.

최근에는 사회 전반적으로 예방의학이나 건강증진 활동에 관심이 높아지고 있다. 많은 지자체와 기업에서 사람들의 식사, 운동, 수면 등의 습관에 신경 쓰며, 건강한 생활을 함으로써 건강 수명을 늘릴 수 있도록 하는 데 노력하고 있다. 그에 맞춰 생명보험도 건강 진단 결과나 일상에서의 걷기 같은 운동 내역을 보험료에 반영하려는 움직임이 시작되고 있다. 그런데 여기서 잠시 냉정하게 생각해볼 필요가 있다. 건강 검진 결과나 운동량은 현재 시점의 상태에 불과하며, 개인이 건강을 어떻게 관리하는가에 따라 **나중에 변할 가능성이 있기 때문**이다.

1년 보장 같은 단기 보험이라면 보험을 갱신할 때 보험료를 다시 계산해서 이런 요소를 보험료에 쉽게 반영할 수 있을 것이다. 그러나 보험기간이 종신에 걸친 장기 보험이라면 향후에 상태가 바뀌게 됐을 때 이를 보험료에 어떻게 반영할지 잘 생각해야 한다. 장기 보험에서는 일시적인 건강 상태의 차이를 굳이 보험료에 반영할 필요 없이 **'적절한 여지'로 남겨 두는 방법**도 생각해볼 수 있다. 이처럼 적절히 여지를 두는 방법은 보험료 산정에 한정되는 상황은 아니다. 중요한 일은 명확히 관리하면서 그 이외의 일은 '적절한 여지'를 갖고 적당한 수준으로 관리한다. 이렇게 하면 환경이나 상황에 변화가 생겼을 때 유연하게 대응할 수 있는 여지를 만들 수 있다.

단순하게 생각하는 힘을 키울 때는 어느 부분을 중요한 항목으로 확실히 관리할지, 어느 부분은 여유를 갖고 해도 되는 일인지 파악할 수 있어야 한다. 그러려면 평소에도 어느 부분이 잘 변하지 않고 어떤 부분이 잘 변화하는지 살펴보는 관찰력을 키우는 훈련을 하는 것도 좋은 방법이다. 길을 걸을 때 길가에 어떤 꽃이 피어 있는지를 살펴본다. 편의점에서 물건을 살 때나 단골집에서 식사를 할 때도 의식적으로 관찰해보면 어제와 오늘 사이에 있던 여러 가지 변화가 눈에 들어올지도 모른다. 내 주변에 있는 것을 대상으로 관찰력을 키우는 훈련을 꼭 해보기 바란다.

'2년차 징크스'는 어째서 피할 수 없을까?

: '평균으로의 회귀'로 상식을 의심한다

철도 사고, 음식점에서 발생한 식중독 사건 등 사고나 사건이 발생하면 반드시 원인을 규명해야 한다. 원인을 알 수 없다면 사고나 사건을 해결하는 것도, 미연에 방지하는 것도 불가능하기 때문이다. 원인을 밝힌 뒤 '해당 사고나 사건과 별개의 사건 사이에 특정 인과관계가 있다'는 결론을 내렸다고 하자. 이때 **도출된 인과관계를 의심해보는 것**도 매우 중요하다. **좀 더 간단한 답이 있을지도 모르기 때문이다.**

상식적으로 생각하기 어려운 일이나 지금까지 들어보지 못한 일을 경험하면 누구라도 많든 적든 흥미가 생긴다. 예를 들어 'UFO를 봤다'는 목격담은 예로부터 자주 있는 화젯거리다. 원반형 비행 물체가 하늘을 나는 모습을 증거 영상으로 보여주는 TV 프로그램을 제작해 방송하기도 했다. UFO의 생생한 영상을 보면 한층 더 관심이 높아진다. 이런 일을 경험한 사람이라면 "이런 특이한 일은 이렇게 자주 일어나는 일이 아니야. 분명 계속 일어나진 않을 거야."라고 생각하지 않을까? 분명 로또 1등에 연속해서 여러 번 당첨됐다거나, 국내 어느 도시에서 3개월 넘게 비가 오지 않았다는 얘기는 거의 들어본 적이 없을 것이다.

평균으로의 회귀

사람들은 때때로 어떤 특별한 일이 일어나면 "분명 이를 상쇄할 사건이 일어날 거야."라고 판단하기 마련이다. 이를 행동경제학 용어로 '평균으로 회귀regression toward the mean'라고 한다. 스포츠 분야에서는 '2년 차 징크스sophomore jinx'라는 말을 자주 듣는다. 예를 들어 야구에서 뛰어난 활약을 펼친 신인 선수가 2년 차가 되면 부진한 성적을 거두는 경우를 말한다.

다른 팀이 이 선수를 연구해서 대책을 세웠다거나, 해당 선수가 자만해서 연습을 게을리했다거나 등의 여러 가지 이유를 생각해볼 수 있다. 그러나 이를 '평균으로의 회귀'라고 생각해보면 오히려 자연스러울 수도 있다. 1년 차에 뛰어난 활약을 하는 것은 드문 일이므로, **2년 차에 평**

균 성적으로 돌아가는 상황은 **당연하다**고 생각하는 것이다. 평균으로의 회귀로 인과관계를 생각할 때는 주의해야 할 점이 있다.

첫 번째는 **평균으로의 회귀를 과소평가**하는 것이다. 감기에 걸려 체온을 쟀더니 고열이어서 감기약을 먹었다고 해보자. 약을 먹고 잠시 후 체온이 내려가면 감기약을 먹은 게 효과가 있었다고 생각하기 마련이다. 실제로는 체온을 쟀을 때가 감기 증상이 가장 심할 때라서 감기약을 먹지 않았어도 자연스레 체온이 떨어졌을지도 모른다. 하지만 저절로 열이 떨어졌다고는 잘 생각하지 않는다.

두 번째는 반대로 **평균으로의 회귀를 과대평가**하는 것이다. 백 원짜리 동전을 세 번 던져 세 번 모두 앞면이 나왔다고 해보자. 이때 네 번째에는 앞면이 나올까? 아니면 뒷면이 나올까? "슬슬 뒷면이 나올 때가 됐지."라고 생각했다면 평균으로의 회귀에 사로잡힌 것이다. 당연히 백 원 동전을 던지면 앞면과 뒷면이 절반 확률로 나오므로, 네 번째에도 뒷면이 나올 확률은 당연히 50%라고 생각해야 한다.

세 번째는 발생한 사건에 **복잡한 인과관계가 포함돼 있다고 추정**해서 평균으로 회귀를 무시해버리는 것이다. 미국의 어느 유명한 스포츠 잡지에는 표지를 장식한 선수가 그 뒤 슬럼프에 빠진다는 징크스가 있으며, 실제로 그런 결과가 통계적으로 나타난다. 여기에 이런 저런 이유를 달아도 좀처럼 납득할 만한 설명을 할 수가 없다. 원래부터 인과관계 없이 잡지 표지를 장식했을 때가 전성기이며, 그 뒤 슬럼프에 빠졌을 뿐일지도 모른다.

평균으로의 회귀는 반드시 일어난다?

감기로 고열이 발생했을 때

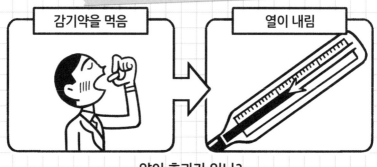

| 감기약을 먹음 | 열이 내림 |

약이 효과가 있나?

하지만 체온을 쟀을 때가 감기가 가장 심할 때라 약을 안 먹었어도 열이 내렸을 수도 있다.

'2년 차 징크스'

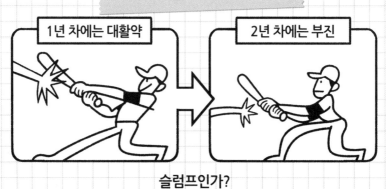

| 1년 차에는 대활약 | 2년 차에는 부진 |

슬럼프인가?

1년 차에 대활약하는 일은 정말 드문 일이다.
2년 차에는 평균 성적으로 돌아왔을 뿐이다.

어떤 일이 일어났을 때 그 일이 특정한 인과관계로 발생한 것인가? 아니면 평균으로의 회귀가 영향을 미친 것인가는 스스로 냉정하게 추측해봐야 한다. 그렇게 해서 인과관계가 나타났을 때는 나타난 **인과관계를 의심하면서 좀 더 단순하게 생각**해보면 본질을 꿰뚫어보는 능력을 키울 수 있다. 언제나 좀 더 단순한 답이 있는 건 아닌가라고 생각하는 습관을 길러보면 어떨까?

인플루엔자에 감염될 경우와
감염되지 않을 경우

: 복잡한 일을 '단순하게 생각하는' 방법

복잡한 일을 '모델링modeling'하면 이해하기 쉬워진다. 모델링은 복잡한 일에서 **중요한 것만 선별해서 단순하게 만드는** 방법이다. 능숙하게 모델링할 수 있으면 복잡한 일을 단순하게 파악할 수 있으므로, 일을 더 깊이 이해할 수 있게 된다. 또한 다른 사람에게 능숙하게 설명할 수도 있다. '감염병 확산 모델링'이라는 구체적인 예를 들어 알아보자.

예로부터 인류는 감염병에 시달려 왔다. 현대에 와서는 공중위생 수준이 높아졌으며, 예방접종을 실시하는데도 여전히 다양한 감염병이 발생하고 있다. 감염병 중에서도 인플루엔자[1]는 매년 전 세계에서 확산되며, 우리나라에서는 가을부터 겨울에 걸쳐 인플루엔자 감염자가 증가세를 보인다.

역학[2] 연구자 사이에서는 감염병 확산의 수학적 모델을 연구 중이다. 그중에서 감염병을 정량적으로 분석하는 몇 가지 방법이 제시됐다. 그럼 사용되는 개념과 용어를 살펴보자.

먼저 '**기초감염재생산수**Basic reproductive number[3]'라는 용어가 있다. R_0라는 기호를 사용하며, 영어로 **알 노트**R naught 라고 읽는다. 특정 감염병에 걸린 사람이 해당 감염병의 면역이 전혀 없는 집단에 들어갔을 때 직접 감염되는 사람 수의 평균을 나타낸다. R_0가 **1보다 크면 감염이 확산**된다. **1보다 작으면 감염이 머지않아 수습**된다. R_0가 딱 1이라면 확산도 수습도 되지 않고 풍토병처럼 감염 지역에 뿌리를 내린다.

과거에 발생한 감염병의 R_0 값은 어느 정도였을까? 의료 및 공중위생 관련 연구기관에서 여러 가지 분석을 수행했다. 미국 감염병 예방 관리 센터에 따르면 홍역은 12~18, 천연두와 유행성 소아마비는 5~7, 유행성 이하선염(볼거리)耳下腺炎은 4~7 정도였다고 한다. 또 그 외의 연구에서는 1918년에 발생해 전 세계로 확산된 스페인 독감(인플루엔자)의

---

1   인플루엔자 바이러스가 일으키는 감염성 질환으로 흔히 독감(毒感)이라 부른다. – 옮긴이

2   역학(疫學, epidemiology)은 전염병을 예방하는 방법을 찾으려는 의학의 한 분과다(https://ko.wikipedia.org/wiki/역학_(의학)). – 옮긴이

3   재생산지수라고도 한다. – 옮긴이

R_0는 2~3이었다는 보고도 있다. 또한 한 가지 신경 써야 할 점이 있다. 바로 R_0는 감염병이 발생한 시대 배경, 사회, 국가, 병원체 등에 따라 값이 다르다는 사실이다.

실제로 R_0를 계산하려면 어떻게 하는 게 좋을까? 분석 대상인 감염병을 '한 번 접촉으로 감염이 일어날 확률', '단위 시간당 접촉 횟수', '감염병이 전염성을 갖는 평균 시간' 같은 세 가지 요소를 측정하거나, 추측해서 구한 뒤 이를 조합해 산정하는 방법이 알려져 있다. 각 요소를 측정하거나 추측하는 방법에 관해서 다양한 연구가 이뤄지고 있다.

감염병 확산을 막으려면 '집단 면역'이 중요하다. 집단 내에 면역을 가진 사람이 많으면 감염병이 확산되기 어려운 점을 이용해 감염 확산을 막는 이론이다. 구체적으로는 예방접종을 들 수 있다. 어떤 집단에서 R_0가 3인 새로운 감염병에 대비한다고 해보자. 이 집단에서는 아직 아무도 이 새로운 감염병에 걸린 적이 없다. 외부에서 감염병에 걸린 사람이 이 집단에 들어왔다고 하면 감염자 한 명당 평균 세 명이 직접 감염된다. 만약 이 집단 구성원 중 3분의 1이 면역력이 있다면 두 명에게만 감염이 발생한다. 구성원 중 3분의 2가 면역을 갖고 있다면 감염은 평균 1명에게 발생한다. 3분의 2를 넘는 사람이 면역을 갖고 있다면 감염이 평균 1명 미만으로 제한되므로 당연히 이 감염병은 언젠가 진정될 것이다. 이것이 감염병 확산 모델링을 활용한 집단 면역[4] 설계다.

---

4   집단 면역이란 집단의 대부분이 감염병에 면역을 가진 상태를 말한다(https://ko.wikipedia.org/wiki/집단_면역). - 옮긴이

감염병의 R_0 크기에 맞춰 집단 내의 면역 보유자 비율을 $(R_0 - 1)/R_0$보다 큰 수준으로 높이면 집단 면역이 작용해 감염병 수습이 이뤄진다. 감염병 확대를 모델링함으로써 집단 면역이 작용하는 데 필요한 면역 보유자 비율을 계산할 수 있다. 다만 실제로는 예방접종을 받은 사람이라 하더라도 전부 면역력이 생기는 것은 아니다. 예를 들어 열 명이 예방접종을 받았더라도 다섯 명만 면역력이 생겼다고 해보자. 이때 필요한 면역 보유자 수에 도달하려면 두 배의 사람이 예방접종을 받게 해야 한다. 이 같은 R_0나 집단 면역 등의 개념은 감염병 확산에 대한 수학적 모델에서 가장 기본이 되는 내용이다.

어떤가? 모델링을 하면 대상을 단순하게 바라볼 수 있게 되므로 이해하기가 쉬워진다는 사실을 이제는 알게 됐는가? 또한 모델링을 하면 다양한 관점에서 살펴볼 수도 있으므로, 일을 쉽게 해결하는 유용한 지혜라고 할 수 있다.

결국 '눈가림'은
몇 겹으로 해야 안심인가?

: '공정한 시선'을 갖는 법

복잡한 일을 단순하게 생각하는 능력은 정말 중요하다. 복잡한 일을 있는 그대로 바라보면 아무리 생각해도 좋은 해결책이 떠오르지 않는다. **일을 알기 쉽도록 단순하게 만든** 뒤에야 비로소 문제점이 확실히 드러나며 해결책이 생각난다.

다만 한 가지 주의해야 할 점이 있다. 일을 바라보는 방법이나 사고 방법이 어느 한 쪽으로 치우치지 않도록 하는 것이다. 사람은 감정을 가진 생명체다. 자신도 모르게 선입견을 갖기도 하고, 심지어 편견을 갖기도 한다. 일을 단순하게 만들 때는 감정을 자제하고 **공정한 자세를 유지**하도록 해야 한다. 다들 경험했겠지만 공정성을 유지하기가 생각보다 어렵다. 그래서일까? 여러 업종에서 공정성을 확보하려는 목적으로 제도나 규칙을 만들어 시행한다. 이처럼 공정성을 확보하려는 사례로 의약품 임상시험을 살펴보자.

의약품 개발 과정에서는 시험약[1]을 실제 환자에게 투여하는 임상시험을 실시한다. 임상시험에서는 시험약의 효과나 부작용을 확인하고자 환자를 **시험약 투여 대상자**와 효용과 부작용이 없는 **위약**(플라시보) **투여 대상자**로 두 집단으로 나눠서 비교한다. 약을 투여했다는 **심리적인 의료 효과를 배제**하려는 의도다.

약을 투여할 때마다 모양이나 맛, 냄새 등의 미묘한 차이로 시험약인지 위약인지 알 수 없게 준비한다. 또한 투여 대상인 환자가 자신에게 투여된 약이 시험약인지 위약인지 알지 못하게 한다. 이런 조작을 '**눈가림**ᵇˡⁱⁿᵈⁱⁿᵍ' 또는 '**마스크**ᵐᵃˢᵏⁱⁿᵍ'라고 부른다. 그럼 환자를 대상으로 눈가림을 하면 임상시험을 공정하게 진행할 수 있을까? 의사에겐 아무것도 하지 않아도 괜찮을까?

만약 특정 환자에게 투여할 약이 시험약인지 아닌지를 의사가 알고 있다고 해보자. 의사도 사람이다. 약을 투여할 때 의사의 표정이나 태

1　임상시험에서 안전성과 유효성을 검증하는 대상이 되는 약을 시험약이라 하며, 시험약과 비교할 목적으로 사용하는 약을 대조약(Comparator)이라고 부른다. 대조약은 가짜 약인 위약(Placebo)이거나 기존 치료제일 수 있다. – 옮긴이

도에서 환자가 어떠한 실마리를 찾아내 알아낼 수도 있다. 또한 의사가 "이 환자에겐 위약을 투여했으니 병세가 바뀔 리가 없지."라는 선입견을 갖고 환자를 진료할 수도 있다.

이런 선입견은 당연히 진료 결과에 어느 정도 영향을 줄 가능성이 있다. 그래서 환자뿐 아니라 의사나 의료 관계자에게도 눈가림을 할 필요가 있다. 즉, 의사나 의료 관계자는 특정 환자에게 약제 A, B 중 A를 투여한 사실은 알지만 A가 시험약인지 위약인지는 알지 못하게 한다. 이를 **'이중 눈가림'** 또는 **'이중 마스크'**라고 한다.

이제 이 정도면 무사히 임상시험을 할 수 있겠다고 생각했는데 다음 문제가 발생한다. 의사에게서 수집한 의약품 투여 정보와 투여 후 진단 정보를 살펴보는 평가자와 관련된 문제다. 평가자도 사람이다. 투여한 약이 시험약인지 위약인지를 아는 채로 의사의 진료 결과를 읽으면 평가 내용에 영향을 줄 수도 있다. 같은 진찰 내용을 놓고도 시험약을 투여했을 때는 병세가 개선됐다고, 위약을 투여했을 때는 병세에 변화가 없다고 편파적으로 평가를 내릴 수도 있다. 그래서 평가자도 평가 대상 환자에게 시험약을 투여했는지 위약을 투여했는지를 알 수 없게 한다. 이를 **'삼중 눈가림'**이라고 한다.

"이제 정말 괜찮겠지!"라고 생각했는데 또 한 가지 문제가 나타난다. 이번엔 임상시험 결과를 모아서 데이터를 분석하는 사람이 문제다. 분석가는 데이터를 공정하게 해석해야 한다. 물론 분석가도 사람이다. 분석 대상인 환자에게 시험약을 투여했는지 위약을 투여했는지를 알고 있다면 데이터를 보정하거나 이상점^{outlier}(238 페이지 참조)[2]을 나타내는 데이터를 제외하는 등, 분석 과정에서 데이터를 상세히 다룰 때 차이가 생길 수도 있다.

또한 극단적인 예로, 의도적으로 시험약의 효과를 드러내려고 분석 결과가 통계적으로 유의미하게 보이도록 데이터를 고치는 등의 행위를 할 수도 있다. 그래서 데이터 분석가에게도 분석 대상이 투여한 약이 시험약인지 위약인지를 알 수 없게 한다. 이를 **'사중 눈가림'**이라고 한다.

이처럼 환자, 의사 등의 의료관계자, 평가자, 분석가를 대상으로 차례대로 눈가림을 하면 마침내 시험약의 임상시험을 공정하게 할 수 있게 된다. 그렇다고는 해도 이 같은 **다중 눈가림**은 사람을 의심하기 시작하면 끝이 없음을 상징적으로 나타내는 게 아닐까? 또한 일반적인 임상시험에서는 이중 눈가림까지만 하면 문제가 없는 경우가 많은 것 같다.

여기부터 살펴볼 내용은 저자가 만든 픽션이라고 생각하고 읽어줬으면 한다. 예를 들어 사중 눈가림을 했는데도 분석가에게서 분석 결과를 보고 받는 분석가의 상사가 선입견을 갖고 있어서 보고 내용을 사실과 다르게 해석할지도 모른다. 그럼 여기에도 눈가림을 하자. 또한 분석가의 상사가 의약품 제조사의 임원이나 CEO에게 임상시험 결과를 보고할 때, 보고를 받는 임원이나 CEO가 선입견을 가질지도 모른다. 그럼 여

---

2 다른 데이터와 비교해 볼 때 지나치게 크거나 작은 수치를 나타내는 데이터를 가리킨다. – 옮긴이

기에도 눈가림을...

이처럼 마구잡이로 다중 눈가림을 하지 않으려면 결국엔 **사람이라면 원래 갖고 있을 공정하고자 하는 성실함**에 기댈 수밖에 없다는 생각이 든다.

공정함을 유지하면서도 단순하게 만들기가 쉬운 일이 아니다. 이는 의약품 임상시험에 국한된 것이 아니며 모든 일에서도 마찬가지다. 그렇다고 그런 노력을 소홀히 하면 단순하게 만든 상황을 파악하거나 사고하는 과정에서 왜곡이 발생하거나 부조리가 있을 수도 있다. 일에 있어 공정성을 유지하려면 제도나 규칙 등 장치를 마련함과 동시에, 공정하려고 하는 인간이 본래 가진 성실성을 길러서 발전시킬 수 있도록 윤리와 도덕 향상에 노력을 기울일 필요가 있다.

'적절한 그룹 나누기'는
어떻게 하면 좋은가?

: '무작위성'을 효과적으로 이용하는 방법

일을 단순하게 하는 힘은 단위를 **적절히 나눌 수 있는 능력**과 밀접한 관계가 있다. 사과 여섯 개를 세 명의 아이에게 나눠준다고 해보자. 공평하게 한 명당 두 개씩 나눠주면 문제가 되지 않는다. 그러나 세 개, 두 개, 한 개씩 차이를 두고 나눠준다면 불공평하므로 적절하다고 할 수 없을 것이다.

이번에는 빨간 사과 세 개와 노란 사과 세 개가 있다면 어떨까? 아이마다 빨간 사과와 노란 사과를 하나씩 나눠 준다면 색에 맞춰 적절히 나눠줬다고 할 수 있다. 이처럼 '적절히 나눈다'라는 표현에서 사용한 '적절함'이라는 용어에는 다양한 의미가 포함돼 있다. 여러 사람을 무작위로 몇 개의 그룹으로 나누고 싶은 경우, 각 그룹에 포함되는 사람 수를 균등하게 하는 것은 그룹을 적절히 나눴는지를 판단하는 요건 중 하나라고 할 수 있다. 의약품을 개발할 때 진행하는 임상시험에서 환자를 그룹으로 나누는 예를 살펴보자.

Lesson 27에서 위약을 투여하는 예를 살펴봤듯이, 이번에도 환자를 두 집단으로 나눠 약의 복용 효과를 비교해보겠다.

적절하게 환자를 나누려면 어느 환자에게 시험약을 투여하고, 어느 환자에게 위약을 투여할지를 **무작위로 정해야** 한다. 무작위로 나누는 방법으로 예를 들면 환자를 한 명씩 불러 동전을 던져서 앞이 나오면 시험약을, 뒤가 나오면 위약을 투여하는 방법을 생각해볼 수 있다. 이는 동전을 던지는 행위로 **무작위성**randomness**을 도입**하는 방법이다. 이 방법을 사용하면 환자 수가 많을 때는 시험약을 투여하는 환자의 수와 위약을 투여하는 환자의 수에 거의 차이가 없다. 환자 수가 많다면 별다른 문제없이 잘 동작한다.

문제는 환자 수가 12명 정도로 적을 때다. 동전 던지기 방식을 사용해 앞이 나오면 환자에게 시험약을 투여한다고 해보자. 웬일인지 앞면만 네 번 나왔다면 시험약을 투여할 환자 수가 4명에 불과해진다. 이래서는 적절하게 그룹을 나눴다고 할 수 없다. 뭔가 방법을 내서 시험약 투약자와 위약 투약자를 여섯 명씩 동일하게 만들고 싶다.

블록 무작위 배정

그래서 '블록 무작위 배정block randomization'이라 불리는 사고 방법이 도입됐다. 이는 환자 두 명을 순서대로 부른 뒤 이 쌍(블록이라고 부른다)을 대상으로 동전을 던져 특정그룹에 배정하는 방법이다. 앞면이 나왔다면 처음에 부른 사람에게 시험약을 투여하며, 나중에 부른 사람에게 위약을 투여한다. 뒷면이 나왔다면 처음에 부른 사람에게 위약을 투여하며, 나중에 부른 사람에게 시험약을 투여한다. 이렇게 하면 무작위로 결정하는 장점을 유지하면서도 시험약과 위약을 같은 수만큼 투여할 수 있다.

이렇게 아무 문제없이 끝나는 것 같지만, 이 방법엔 한 가지 문제가 있을 가능성이 있다. 환자 중 어느 한 명이 얼떨결에 시험약이 투여된 사실을 알게 되면 블록의 나머지 환자에게 위약을 투여했음을 자연스럽게 알게 된다. 이는 피하고 싶은 사태다.

그래서 블록 한 개의 인원 수를 두 명에서 네 명으로 늘리는 방법을 생각해볼 수 있다. 환자 네 명을 순서대로 부른 뒤 네 명을 대상으로 시험약 또는 위약 투여 대상을 결정한다. 결정 방법으로 주사위를 던져 결정하는 방법을 사용할 수 있다. 1이 나오면 첫 번째와 두 번째 차례로 블록에 들어온 환자에게 시험약을, 그 외의 환자에게 위약을 투여한다. 이후부터는 마찬가지 방법을 적용해 2가 나오면 첫 번째와 세 번째 환자에게 시험약을 투여하고, 3이 나오면 첫 번째와 네 번째 환자에게, 4가 나오면 두 번째와 세 번째 환자에게, 5가 나오면 두 번째와 네 번째 환자에게 시험약을 투여한다. 마지막으로 6이 나오면 세 번째와 네 번째 환자에게 시험약을 투여하고, 나머지 환자에게 위약을 투여한다. 이렇게 하면 한 블록에서 두 명에게 시험약을 투여하고, 나머지 두 명에게는 위약을 투여할 수 있다. 또한 특정 환자에게 투여된 약이 밝혀지더라도 나머지 세 명은 자신에게 투여된 약이 어떤 것인지 알 수 없게 된다.

한 블록 내 사람 수를 여섯 명, 여덟 명의 식으로 늘려가면 어떤 환자에게 투여된 약이 시험약인지 위약인지 알게 되더라도 다른 환자에게 투여된 약을 알 수 없는 정도를 한층 더 높일 수 있다.

다만 **여섯 명일 때는 20가지, 여덟 명일 때는 70가지 결과가 균등하게 나올 수 있도록** 동전, 주사위, 트럼프 카드 등을 능숙히 사용해야 한다. 이 방법을 고안해 실행하는 것도 굉장히 힘들다.

환자 수가 딱 블록 크기의 배수라면 별 문제가 없겠지만 실제로 반드시 그렇다고는 할 수 없다. 환자 수가 총 14명일 경우 한 블록을 네 명으로 설정하면, 세 블록으로 환자를 나누고 난 뒤에는 두 명이 남는다. 그래서 네 명인 블록 두 개와 여섯 명인 블록 한 개를 설정하는 것처럼 사람 수가 다른 블록 여러 개를 조합하는 방법도 생각할 수 있다.

또한 **블록 크기 자체를 환자가 모르게** 하는 방법도 생각할 수 있다. 환자를 블록의 사람 수만큼 모아서 부르지 않고, 한 명씩 순서대로 불러 시험약 또는 위약 투여 여부를 결정하면서 환자가 모르게 블록을 설정하

의약품 임상시험을 할 때

① 환자를 네 명 불러내 순서대로 세운다.

| 1번 | 2번 | 3번 | 4번 |

② 주사위를 던져 시험약과 위약 투약 여부를 결정한다.

이 나오면	시험약	1번과 2번
	위약	3번과 4번
가 나오면	시험약	1번과 3번
	위약	2번과 4번
이 나오면	시험약	1번과 4번
	위약	2번과 3번
가 나오면	시험약	2번과 3번
	위약	1번과 4번
가 나오면	시험약	2번과 4번
	위약	1번과 3번
이 나오면	시험약	3번과 4번
	위약	1번과 2번

는 것이다. 환자는 자신이 몇 명으로 구성된 블록에 들어가 있는지 알지 못한다. 그러므로 행여 다른 환자에게 투여된 약이 시험약인지 위약인지를 알게 되더라도 자신에게 투여된 약이 어떤 약인지는 모른다.

이렇게 살펴보면 임상시험에서 투여 대상을 무작위로 설정하기 위해 굳이 이렇게까지 노력을 기울일 필요가 있을까 하는 의문이 생길지도 모르겠다. 하지만 환자에게는 임상시험에서 시험약을 투약했는지 여부가 중대 관심사다. 자신이 임상시험을 받는 입장이라고 상상해보라. 특히 위중한 환자일수록 후보약에 거는 기대는 클 수밖에 없다. 자신이 복용한 약이 시험약인지 위약인지를 알면 이에 따른 심리적인 의료 효과는 클 것이다.

임상시험 결과에서 심리적인 의료 효과를 배제하려면 블록 무작위 배정을 사용해서 적절히 그룹을 나눠야 한다. 일에 **무작위성을 효율적으로 적용**할 수 있다면 해당 일을 적절히 나눌 수 있다. 그리고 이처럼 일을 적절히 나눌 수 있다면 일을 단순하게 검토하거나 연구할 수 있을 것이다.

사망률과 생존율을
'정확하게 해석하는 방법'은?

: 시대 변화에 '유연하게' 따라가기

일을 단순하게 하는 힘을 키우려면 **'정보를 정리하는 방법'**을 잘 아는 것이 정말 중요하다. 정보를 정리하면 전체 모습이 어떻게 구성되는지, 현재 자신이 어떤 상황에 놓여 있는지 등과 같은 그림이 눈에 들어온다. 비록 단편적인 정보밖에 얻지 못했다 하더라도, 정리를 하면 해당 정보를 어떤 일을 검토하는 소재로 사용할 수 있다. 역학에서 수행하는 **생존분석** 사례를 바탕으로 정리하는 방법을 알아보자.

생존분석은 생소한 용어일 것이다. 생존분석이란 특정 생물을 대상으로 서식 환경마다 수명의 차이를 조사하거나, 특정 의약품의 유효성을 측정하기 위해 약을 투여한 뒤 환자의 생존 상황을 조사할 때 사용하는 분석 방법을 말한다. 생존분석에서는 가로축에 시간 경과를, 세로축에는 생존율을 놓고 그래프를 그린다. 이에 따라 분석 대상인 생물이나 환자의 생존 상황이 시간 흐름에 따라 어떻게 변화해 가는지를 파악할 수 있다.

생존분석에서는 개체별로 조사 시작 시점과 사망 시점의 데이터를 관리한다. 그런데 개체가 사망하기 전에 조사가 중단되는 상황이 발생하면 문제가 된다. 그 원인으로 다음 몇 가지를 들 수 있다.

1. **조사 대상이 사라진다.**

   동물이라면 우리에서 탈출해 조사가 불가능해지는 경우다. 환자라면 이사 등의 이유로 통원하는 병원을 바꾸다 보니 조사를 계속할 수 없는 상황이 된다.

2. **모두 사망하지 않고 조사 기간이 종료된다.**

   일반적으로 조사 기간은 한정돼 있다. 조사 기간 중에 모든 개체가 죽는다고는 할 수 없다. 즉, 조사 종료 시점까지 개체가 생존했을 경우다.

3. **조사와는 별개 원인으로 사망한다.**

   암 환자를 대상으로 항암제 투여 후의 생존 상황을 조사하던 중에 암과는 관계가 없는 급성 심근경색으로 환자가 사망해버리는 경우다.

4. **조사 중지가 필요할 때가 있다.**

   3의 예와 마찬가지로 암 환자를 대상으로 항암제 투여 후의 생존 현황을 조사하던 중에 현저한 부작용이 발생해서 투여를 중지할 때가 있다. 이로 인해 조사도 중지된다.

이 같이 조사가 중단되는 상황을 생존분석에서는 어떻게 다룰까? 이런 상황에서 사용할 수 있는 계산법에는 **생명표**actuarial **법**과 **카플란−마이어** Kaplan-Meier **법**이라는 두 가지 잘 알려진 방법이 있다. 생명표 법에서는 조사 기간 도중에 중단 상황이 발생하면 중단되기까지의 기간 중 절반이 경과된 시점까지 생존했다고 간주하며, 그 뒤로는 조사 대상에서 제외한다. 이러한 방식으로 각 시점의 사망률을 계산한다. 한편 카플란−마이어 법에서는 사망이 발생할 때마다 해당 시점까지의 사망률을 계산한다. 해당 시점 이전에 발생한 중단 건은 조사 대상에서 제외한다. 또한 카플란−마이어 법에서는 사망률의 기준이 되는 기간을 1년 같은 특정한 기간으로 한정할 수 없으므로, 사망률을 'O개월 뒤의 순간 사망률' 등으로 부른다. 두 가지 방법을 구체적인 예를 들어 살펴보자.

어떤 병원에서 환자 다섯 명을 대상으로 2년간 조사를 했다고 하자. 환자 A는 조사 시작 후 9개월 뒤에, C는 22개월 뒤에 사망했다. D는 14개월 뒤에 다른 병원으로 옮겨서 조사에서 제외됐다. B와 E는 2년 뒤 조사가 종료될 때까지 생존했다.

각 환자의 상황을 그래프에 화살표로 나타내면 다음 그림과 같다.

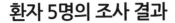

환자 5명의 조사 결과

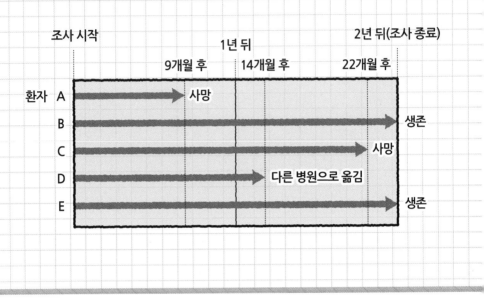

생명표 법으로 계산한 1년 뒤 사망률은 다섯 명 중 한 명(환자 A)이 사망했으므로 0.2(=1/5)다. 2년 뒤의 사망률은 환자 수를 3.5명으로 간주하고(연초에 생존했던 네 명 중 환자 D가 기간 중 조사가 취소됐기 때문임), 이 중한 명(환자 C)이 사망했으므로 0.286(≒1/3.5)이다. 한편 카플란–마이어법으로 계산한 9개월 뒤의 순간 생존율은 다섯 명 중 한 명이 사망했으므로 0.2(=1/5)다. 22개월의 순간 사망률은 해당 시점까지 조사가 취소된 한 명을 제외한 세 명 중 한 명이 사망했으므로 0.333(≒1/3)이다.

다음으로 사망률이나 순간 사망률 대비 시간 경과에 따른 누적 생존율을 유추해 그래프로 나타내면 다음과 같다.

두 가지 방법으로 계산한 생존율 수치 그 자체로는 큰 차이가 없다. 그러나 그래프 형태는 상당히 다르다. 생명표 법에서는 기울기가 있는 비스듬한 직선인데 반해, 카플란-마이어 법에서는 계단 모양의 선으로 생존율이 나타난다. 한편 조사 대상의 규모가 좀 더 커지면 카플란-마이어 법으로 그린 그래프에서 각 계단의 차이가 더욱 작아지면서 곡선에 가까운 형상을 띤다.

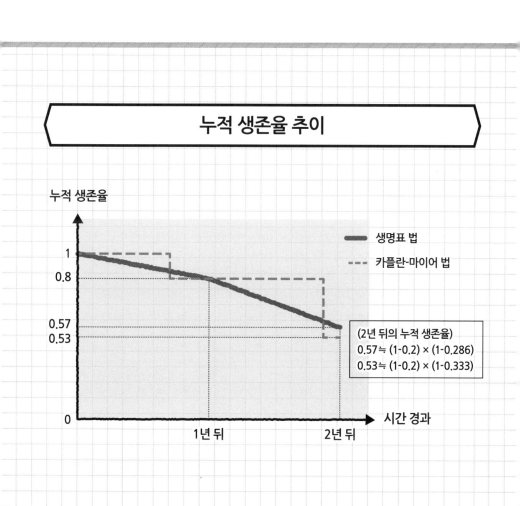

누적 생존율 추이

누적 생존율

생명표 법

카플란-마이어 법

(2년 뒤의 누적 생존율)
0.57 ≒ (1-0.2) × (1-0.286)
0.53 ≒ (1-0.2) × (1-0.333)

1년 뒤   2년 뒤   시간 경과

두 가지 방법을 비교해보자. 먼저 계산 정밀도 측면에서 살펴보면, 조사 취소건을 기간의 반만큼 생존했다고 간주하는 생명표 법의 가정은 부정확하다고 할 수 있다. 사망 시 순간 사망률을 산정하는 카플란-마이어 법이 계산 정밀도가 더 높다.

한편 계산에 들어가는 노력을 살펴보자. 생명표 법의 계산 횟수는 사망률 산정이 필요한 기간 수만큼이며, 카플란-마이어 법의 계산 횟수는 사망 개체 수만큼이다. 조사 대상의 수가 만 단위가 넘어가면 카플란-마이어 법은 계산 횟수가 늘어나 계산하기가 힘들어진다. 컴퓨터 시스템이 갖춰지지 않았던 예전에는 조사 대상이 50개체 이상일 때는 생명표 법을 사용하고, 50개체 미만일 때는 카플란-마이어 법을 사용하는 등 대상 개체의 수에 따라 방법을 구분해 사용했다. 지금은 시스템 기능이 향상돼 집단의 규모에 구애받지 않고 카플란-마이어 법을 사용할 수 있게 됐으며, 대부분은 카플란-마이어 법을 추천한다.

앞서 살펴본 생명표 법에서 조사 도중 발생하는 취소를 처리하는 것 같이 어림잡아 계산하는 방법은 시스템 발달과 함께 **적용 가능성이 변화**한다. 예전에는 타당하다고 여긴 방법이라도 **정보 처리 기술의 발전에 맞춰 재검토**해야 한다고 생각한다. 이는 역학에 국한된 얘기가 아니다. 일을 단순하게 생각하는 힘을 키우려면 기술 진화에 따라 정보를 정리하는 방법을 바꿔가는 것이 중요하다. 계산 방법 하나만 놓고 보더라도 손으로 하는 계산 → 주판 → 전자계산기 → 컴퓨터 스프레드시트 프로그램을 사용하는 방식으로 발전해 왔다. 활용할 수 있는 시스템의

성능 등을 잘 파악한 뒤 정보를 정리하는 효율적인 방법을 결정하면
좋을 것이다.

그 결과는
타당할까? 부당할까?

: 유연하게 생각하는 힘

사물을 바라보는 시각을 '아주 조금만' 바꿔도 사고가 유연해진다

■ ■

사람은 **한번 품었던 사고 방법을 고집**하려고 한다. 자신의 사고 방법에 문제가 있음을 머릿속으로는 잘 알지만, 실제로 다른 사람에게 지적을 받으면 고집을 부리며 사고 방법을 바꾸지 못하게 돼버린다.

잘 알려진 실험이 있다. 피실험자에게 고가의 약과 저가의 약 중에서 어느 약이 더 효과가 있었는지를 물었다. 그 결과 피실험자 중 대다수가 "고가의 약이 더 효과가 있었다."고 응답했다. 두 약의 성분이 완전히 같았음에도 그런 결과가 나왔다. 이는 '분명 고가의 약이 더 효과가 있을 것'이라는 **선입견이 사람의 감각을 아주 쉽게 무디게 만드는** 실제 사례다.

어떤 사람이든 선입견과 고정관념에서 벗어날 수 없다. 그럴수록 우리에게는 **'유연하게 생각하는 힘'이** 필요하다. 유연하게 생각하는 힘은 곧 '변화에 대처하는 힘'이다. 즉, 쉽게 현실에 안주하지 않고 환경 변화에 맞춰 사물을 바라보는 방법이나 사고 방법을 바꿔가는 것이다. 구체적으로는 **'평소와는 다른 각도에서 정보를 바라본다'**는 것을 말한다. 이렇게 해보면 지금까지 보이지 않던 면이 드러나기 시작한다.

예를 들어 경영 회의에서 특정 상품의 판매 실적을 확인한다고 하자. 지금 보는 판매 데이터는 판매자 관점에서 작성된 데이터로, "A 지점의 7월 판매 건수는 6만 건이다." 같이 정리돼 있다. 이를 구매자 관점으로 바꿔 "40대 고객의 7월 구매 횟수가 평균 10번이다."처럼 살펴보는 것이다. 이렇게 해보면 "왜 40대의 구매 횟수가 전월보다 늘었을까?", "다른 세대와 비교해 40대의 구매 횟수가 높은 이유는 무엇인가?"처럼 회의 참석자 사이에서 질문이 쏟아지면서 논의가 활발해진다. 이처럼 관점을 바꿈으로써 앞으로의 판매 전략을 세우기가 쉬워진다.

'필요한 정보를 얻지 못했을 때 어떻게 할지를 생각'해보는 것도 도움이 된다. 일반적으로 수집한 정보를 분석하는 데에는 공을 들이지만 수집하지 못한 정보를 분석하는 일은 간단히 포기한다. 하지만 실은 얻지 못한 정보가 더 중요한 경우도 있는 법이다. 5장에서는 통계사고를 활용해 유연히 사고하는 여섯 가지 방법을 소개한다.

'불안감'은 어디에서 생기는가?

: 모르는 것을 피하는 '엘스버그 역설'

사람은 누구나 많든 적든 불안감을 안고 살아간다. 만약 세상 모든 일이 사전에 결정돼 있어서 **앞으로 일어날 일을 미리 알 수 있다면 사람의 마음 속에 불안감이 생기지 않을 것**이다. 사람이 미래에 일어날 일 그 자체에 불안감을 느끼는 것은 아니라는 의미다. 그럼 사람은 **무슨 이유로 불안감을 느끼는 것일까?** 함께 생각해보자.

'리스크 관리', '리스크 회피' 등 신문, 잡지, 인터넷과 같은 미디어에는 매일같이 리스크라는 단어가 등장한다. 이 리스크라는 단어는 왠지 불안감과 관계가 있을 것 같다. 리스크란 대체 어떤 것일지 정의부터 알아보자.

엘스버그 역설

행동경제학에서 유명한 이론인 '엘스버그 역설Ellsberg Paradox'을 한번 살펴보자. A와 B라는 두 개의 항아리가 있다. A 항아리에는 크기와 모양이 같은 검정 구슬과 흰 구슬이 50개씩 들어있다. B 항아리에는 검정 구슬과 흰 구슬이 총 100개가 들어있으나, 색깔별로 몇 개씩 들어있는지는 알지 못한다. 두 항아리 중 하나를 선택하고 예상하는 구슬 색깔을 말한 뒤, 눈을 감고 항아리에서 구슬 한 개를 꺼낸다. 꺼낸 구슬의 색깔이 예상과 일치하면 상금을 받을 수 있다. 당신이라면 "A 항아리와 B 항아리 중 어느 쪽을 선택하겠는가?"라는 문제다.

A 항아리에는 흰 구슬과 검정 구슬이 각각 50개씩 들어있으므로 어느 색을 선택해도 예상대로 구슬을 뽑을 확률은 0.5다. B 항아리의 내용물은 알지 못한다. 그렇다 해도 예를 들어 '검정 구슬이 70개, 흰 구슬이 30개'일 때와 '검정 구슬이 30개, 흰 구슬이 70개'일 때는 서로 정반대 상황이면서도 검정이나 흰색의 구슬을 뽑을 확률은 양쪽 모두 동일하다.

그렇다면 꺼낼 구슬이 '흰색'일 것이라고 예상해보자. 이때 흰 구슬이 30개가 들어있다면 예상대로 흰 구슬을 꺼낼 확률은 0.3이며, 흰 구슬

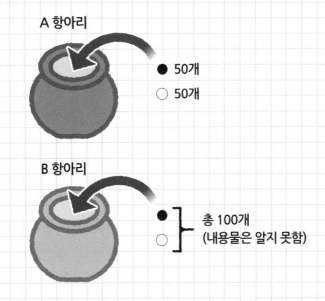

A 항아리

● 50개
○ 50개

B 항아리

총 100개
(내용물은 알지 못함)

이 70개가 들어있을 때는 0.7이다. 그러므로 평균으로 봤을 때 예상대로 흰 구슬을 꺼낼 확률은 0.5다. '검정'이라고 예상했을 때도 검정 구슬을 꺼낼 확률은 동일하다. 이처럼 어느 항아리를 선택해도 상금을 받을 확률은 동일하다. 그러나 감각적으로는 어떨까?

실제 실험에서는 A 항아리를 선택한 사람이 많다는 결과가 나왔다. 여러분은 어떻게 생각하는가? A 항아리처럼 구슬이 몇 개씩 들어있는지 알고 있으면 안심하고 구슬을 꺼낼 수 있지만, B 항아리처럼 **내용물**

을 알지 못하면 불안감을 느끼는 것은 아닐까? '알지 못하는 것'보다 '아는 것'에 더 안심하듯이 **사람의 심리는 '불확실한 것을 피하는'** 방향으로 움직**인다**는 것이 '엘스버그 역설'이다. 사실 '알지 못하는 것'에는 다음과 같이 두 가지 유형이 있다.

① '어떤 확률로 사건이 발생할지' 알고 있는 것 … '리스크'
② '어떤 확률로 사건이 발생할지' 알지 못하는 것 … '진짜 불확실성 (uncertainty)'

진짜 불확실성이란 **'피해나 손실의 규모를 알 수 없는 불안감'**이라고 바꿔 말할 수 있다. 그런 점에서 사람은 의심을 품으면 별일 아닌 것까지 두려워하고, 세상 모든 것을 시기하며 의심하기도 한다. 이것은 프랭크 나이트Frank Knight라는 경제학자가 약 백 년 전에 주창한 이론이다.

그럼 이번엔 앞서 살펴본 A, B 항아리와 별개로 C라는 항아리가 있다고 하자. C 항아리에는 검정 구슬과 흰 구슬이 들어있지만 전부 몇 개가 들어있는지도, 색깔별로 몇 개씩 들어있는지도 알지 못한다. C 항아리에서 예상한 대로 구슬을 꺼낼 확률은 어떻게 될까?

예를 들어 '전체 구슬 개수가 100개'일 때를 살펴보면, '검정이 70개, 흰색이 30개'일 때와 '검정이 30개, 흰색이 70개'일 때가 서로 정반대이면서 발생 확률은 양쪽 모두 같다. 다음으로 '전체 구슬이 200개'일 때를

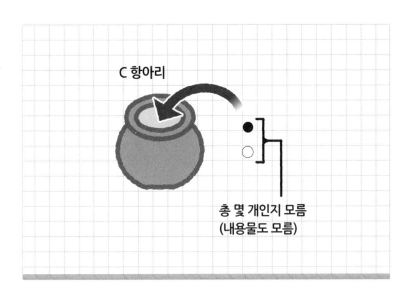

C 항아리

총 몇 개인지 모름
(내용물도 모름)

살펴보자. 이때도 마찬가지로 '검정이 140개, 흰색이 60개'일 때와 '검정이 60개, 흰색이 140개'일 때가 서로 정반대이면서 발생 확률은 양쪽 모두 동일하다.

이처럼 전체 구슬 수가 몇 개이건 상관없이 검정과 흰색 구슬의 개수가 정반대일 때가 있으며, 두 경우 발생할 가능성은 같다. 즉, 계산상으로는 C 항아리에서 예상한 색의 구슬을 꺼낼 확률도 0.5다. 그러나 감각적으로는 **"C 항아리에는 어떤 공이 얼마나 더 많이 있는지 알 수 없으니 고르고 싶지 않다."**는 것이 솔직한 의견이 아닐까?

이런 사실을 토대로 **'불안감의 원인은 리스크보다는 진짜 불확실성에 있다'** 라는 사실을 알 수 있었다. 뭔가 알지 못하는 것이 있을 때 이를 쓸데

없이 두려워하기만 해서는 불안감이 커질 뿐이다. 불안감을 줄이려면 '모르는 것이 무엇인가'를 확실히 파악하고 이에 대한 대책을 세워야 한다. 즉, 리스크를 바라보는 시선을 바꿔서 진짜 '불안감의 원인'을 가려내는 것이 중요하다.

진실이
'얻을 수 없는 정보'에 있을 때

: '선택 편향의 함정'을 조심하자

정부가 실시하는 인구 조사, 미디어 회사가 실시하는 여론 조사, UN에서 실시하는 행복도 조사 등 세상에는 다양한 조사가 존재한다. 조사를 거쳐 데이터를 수집하기는 하지만 언제나 필요한 정보를 얻을 수 있는 것은 아니다. 오히려 필요한 정보를 얻지 못할 때가 더 많다.

그럴 때는 어떻게 하면 좋을까? 수집하지 못한 데이터를 생각해보는 것이 결코 쓸데없는 일은 아닐 것이다. 때로는 **조사 대상이 아니었던 데이터가 진실을 알려줄 때도 있기 때문이다.** 이런 부분을 살펴보도록 하자.

선택 편향의 함정

수집하지 못한 데이터를 어떻게 다루면 좋을지 보여주는 유명한 일화가 있다. 제2차 세계대전 중에 헝가리 출신 통계학자인 아브라함 왈드Abraham Wald는 미 해군 전투기와 관련된 연구를 수행했다. 아브라함은 전쟁 중 통계연구그룹이라는 조직에 속해 있었는데, 이 그룹은 **통계학 지식을 활용해 군에 협력**한 단체로 미국 전역의 유능한 수학자와 통계학자가 모여 있었다. 과학 기술을 활용해서 원자폭탄을 개발한 '맨해튼 계획Manhattan Project'과 유사한 조직이었다. 다만 통계연구그룹은 신무기를 개발하는 대신 전쟁 통계를 분석했다.

어느 날 해군은 유럽 전선에서 귀환한 전투기의 탄흔 현황을 분석했고, 동체에 총탄을 많이 맞았다는 분석 결과를 토대로 동체를 더 두꺼운 철판으로 보강하려고 했다. 하지만 이 결과를 놓고 아브라함은 다른 주장을 펼쳤다.

> "총탄에 맞았어도 어떻게든 귀환한 전투기만을 대상으로 정보를 수집했으므로, 해당 정보만으로는 진실을 알 수 없다. 정말 보강해야 할 부분은 귀환하지 못한 전투기가 총에 많이 맞았을 부분, 즉 **귀환한 비행기에서 탄흔이 적은 엔진 부분이다.**"

이처럼 엔진 부분을 보강할 것을 제안했다. 그의 제안을 곧바로 실행에 옮겼다. 그 효과를 인정받아 이후 한국전쟁과 베트남전쟁에서도 동일한 분석 방법이 사용됐다.

'선택 편향의 함정'을 조심하자

제2차 세계대전에서
전투기가 총탄에 맞은 현황을 분석

수집한 정보

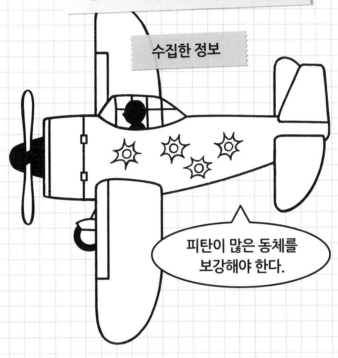

피탄이 많은 동체를
보강해야 한다.

그러나 총탄에 맞았는데도 귀환했다.
그렇다면 진실을 알 수가 없다.

오히려 귀환하지 못한 전투기를 분석해야 한다.
= 엔진 부분 강화!

수집하지 못한 정보를 고려하는 것이 중요하다!

아브라함의 사례는 수집하지 못한 데이터를 분석 과정에서 다루는 여러 사례 중에서도 혜안을 보여준 사례로 꼽힌다. 오퍼레이션 리서치^{OR,} operations research[1] 분야에서는 '선택 편향의 함정' 사례로 유명하다.

한편 의약품을 개발할 때는 새로운 시험약의 효과를 알아보고자 임상시험을 한다. 통상 임상시험에서는 여러 환자나 정상인을 대상으로 시험약을 투여한 뒤 일정 기간 뒤에 약의 효과나 부작용 발생 데이터를 수집한다. 이때 시험약을 투여했을 때와 투여하지 않았을 때를 비교하려고 모양과 맛 등이 시험약과 똑같은 위약(플라시보)을 준비한다. 그리고 투여 대상자를 무작위로 두 그룹으로 나눠서 한쪽에는 시험약을, 다른 한쪽에는 위약을 투여한다.

일정 기간 후 효과와 부작용을 살펴볼 때는 유의해야 할 점이 있다. 바로 임상시험 중에 시험약 또는 위약 복용을 그만두는 사람이 나온다는 것이다. 이는 몇 가지 요인으로 발생한다.

---

① 병세가 악화돼 시험약 복용을 중지해야만 하는 사람

② 치료법을 변경하면서 임상시험 대상에서 제외돼 시험약이나 위약 투여를 중지한 사람

③ 시험약이나 위약이 효과가 없어서 자발적으로 복용을 그만둔 사람

---

1 오퍼레이션 리서치: 조직 관리와 경영에 과학적 방법을 동원하는 것을 말하며, 2차대전 시 거대한 군 조직을 효율적으로 운영하고자 시작됐다. - 옮긴이

이런 사람을 제외하고 임상시험 결과를 정리하면 어떻게 될까? 이렇게 얻은 데이터는 임상시험에 마지막까지 참가한 환자나 건강한 사람의 데이터로 한정된다. 이는 **데이터 치우침**, 즉 '**편향**^{bias}'을 유발한다.

예를 들어 시험약이나 위약의 효과가 나타나지 않아서 자발적으로 복용을 중단해버린 사람의 데이터를 전체 시험 데이터에서 제외했다고 하자. 이렇게 되면 남은 데이터에는 시험약이나 위약이 효과가 있다고 느껴서 복용을 계속한 사람의 데이터가 더 많이 포함돼 있을 것이다. 시험약을 복용한 사람이 위약을 복용한 사람보다 효과를 쉽게 느낄 때는 다소 분석이 번거로워진다. 시험 결과로 얻은 데이터에는 본래의 약효 차이 외에도 "시험약 쪽이 효과가 있다는 생각이 든다."는 실제 느낌의 차이가 뒤섞이기 때문이다. 설령 임상시험을 시작할 때 무작위로 두 그룹을 나눴다 하더라도 결과로 얻은 데이터는 무작위라고 할 수 없게 된다.

그럼 어떻게 하면 좋을까? 약학^{藥學}에서는 이 문제를 해결하는 'ITT _{Intention-To-Treat} 분석'이라는 유명한 방법이 있다. 이는 임상시험 기간 중에 특정 이유로 대상에서 제외된 사람도 그대로 시험약이나 위약을 계속 복용했다고 간주하고 데이터 분석 대상에 포함시키는 방법이다. ITT 분석에서는 임상시험을 시작할 때 만든 무작위 요소가 마지막까지 유지되므로 이탈에 따른 편향이 포함되지 않는다.

특히 위약을 투여한 사람 중 자발적으로 임상시험을 중단한 사람의 데이터도 분석 대상에 포함시킨다. 그 때문에 시험약이 효과가 없다는 결과가 나왔을 때 해당 임상시험 결과의 신뢰도를 높일 수 있는 방법으로 인정받는다. 그러나 실제 ITT 분석을 실시하는 것은 간단한 일이 아니다. 임상시험에서 이탈한 환자나 정상인에게 투여 중지 후의 병세나 부작용을 한 명씩 추적 조사해야 하기 때문이다. 임상시험을 이탈한 사람 중에는 사망한 사람이 있을 수도 있다. 또한 주소나 연락처를 변경해서 연락이 닿지 않는 사람이 있을 수도 있다. 게다가 연락이 닿았다 하더라도 이탈 후의 병세나 건강 상태를 정확히 알려준다고는 할 수 없다. 그러므로 실제로 **이탈한 사람의 데이터를 모두 모을 수는 없다**고 본다.

또한 ITT 분석에서는 이탈한 사람이 많아지면 시험약이나 위약을 계속 투여했다고 **간주하는 행위의 영향이 커지는** 문제가 있다.

예를 들어 임상시험을 시작할 때 시험약과 위약을 각기 100명에게 투여했지만 이탈자가 대량으로 발생해서 끝날 때 시험약은 20명, 위약은 겨우 10명만 복용을 계속하고 있다고 해보자. 이럴 때는 시험약 투여자 중 이탈자 80명과 위약 투여자 중 이탈자 90명을 대상에 포함시켜 데이터를 분석했다고 하더라도, 시험약 효과와 부작용을 정확하게 분석한 것인지 의심스러울 수밖에 없다.

ITT 분석은 무작위를 유지하는 관점에서는 이상적이지만 실제 수행해보면 매우 힘들다. 임상시험 결과를 살펴볼 때는 ITT 분석 방식으로 데이터를 분석했는지, 아니면 이탈자를 배제한 PP^Per-Protocol **분석** 방식으로 분석했는지를 먼저 확인해야 한다. 지금까지 살펴본 사례를 실마리로 삼아 일상생활에서도 수집하지 못한 데이터를 사용해 일의 본질을 판별하는 능력을 키웠으면 한다.

'생명보험'과 '손해보험'을 동일선상에서 논하는 게 타당할까? 부당할까?

: '같은 성질'과 '다른 성질'인 것으로 나눠본다

정보를 살펴볼 때는 **'같은 성질'과 '다른 성질'로 나눠서 생각**하는 것이 중요하다. 슈퍼마켓에서 청과물의 하루 판매 현황을 집계한다고 해보자. 이때 채소와 과일을 함께 집계해야 할까? 또한 같은 채소라고 하더라도 종류가 다양한데 무와 당근을 함께 집계해야 할까? 특정 정보를 같은 성질로 보고 함께 처리할까? 다른 성질로 보고 나눠서 처리할까? 이에 따라 조사 결과가 달라질 때가 있다. 구체적으로 살펴보자.

의료업은 서비스업 중 하나로 생각할 수 있다. 통상 서비스업은 시설, 설비, 직원 등의 배치에 따라 제공할 수 있는 서비스 규모를 결정한다. 의료를 경제 관점에서 분석할 때는 이런 제약 사항을 이해해야 한다. 경제학에 따르면 생산 규모가 확대되면 제품과 서비스 단위당 평균 비용이 낮아지는 '**규모의 경제**'가 성립한다. 의료 분야에서도 규모의 경제가 성립하는지를 실제 데이터로 확인하려고 하면 때때로 이상한 일이 벌어진다. 다음 그래프를 한번 살펴보자. 가로축은 환자 수, 세로축은 평균 비용으로 두고 각 의료기관의 데이터를 표시했다.

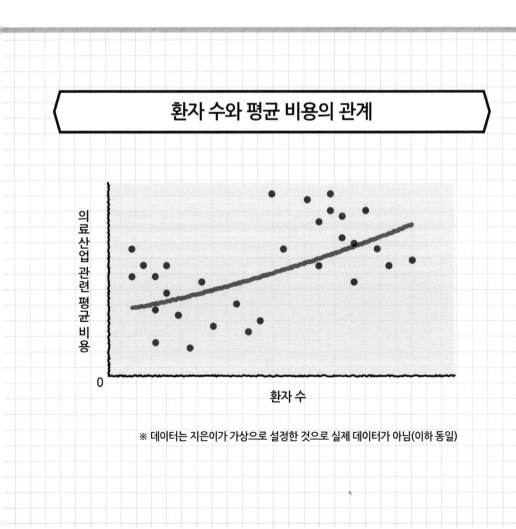

환자 수와 평균 비용의 관계

의료산업 관련 평균 비용

0

환자 수

※ 데이터는 지은이가 가상으로 설정한 것으로 실제 데이터가 아님(이하 동일)

여기에 근사 곡선을 그려 평균 비용 곡선을 추정하면 완만하게 오른쪽으로 상승하는 곡선이 된다. 이는 '환자가 늘어나면 평균 비용이 늘어난다'는 점을 보여준다. 즉, 규모의 경제와 반대 모습이다. 의료 분야에서는 규모의 경제가 나타나지 않는 것일까?

사실 이전 페이지에서 평균 비용 곡선을 그리는 데 사용한 통계 정보는 조작돼 있다. 대형 병원과 소형 병원, 의원을 한 그래프에 모두 표시했다. 각 의료기관에서 주로 시행하는 의료 행위의 차이를 고려하지 않은 것이다. 같은 의료기관이라 하더라도 병상 수가 천 개가 넘는 대형 병원이 있는가 하면 30개 정도인 소형 병원, 20개 미만이거나 병상이 없는 외래 전문 의원까지 여러 가지 유형이 존재한다. 진료 내용도 마찬가지다. 특정 의료 기기나 의약품을 사용해 전문의가 수행하는 전문 의료서비스부터 개인 주치의가 수행하는 일차 의료primary care[1]에 이르기까지 각급 의료기관의 진료 내용에는 큰 차이가 있다.

이런 차이를 고려한다면 **대형병원, 소형병원, 의원을 동일선상에 놓고 논하는 게 큰 의미가 없음**을 알 수 있을 것이다. 각 의료기관을 규모별 그룹으로 나눈 뒤 각 그룹을 대상으로 근사 곡선을 그려서 평균 비용선을 추정하면 다음 그래프처럼 나타난다.

---

1   일차 의료: 환자를 대상으로 제공하는 의료 서비스의 첫 단계로, 주치의가 환자의 포괄적인 건강 상태를 관리하는 것을 포함한다. – 옮긴이

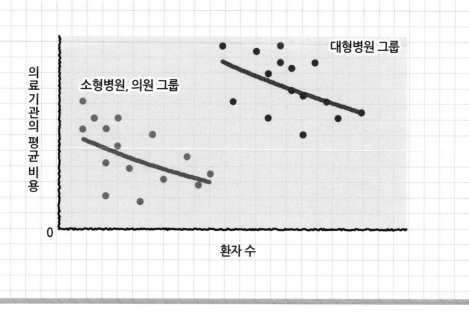

대형병원, 소형병원, 의원 그룹 내에서는 평균 비용선이 각기 오른쪽 아래로 향한다. 즉, 각 그룹 내에서는 규모의 경제가 성립하는 사실을 확인할 수 있다. 이처럼 의료기관에서는 기관의 규모가 커지면 환자 수만 증가하는 것이 아니라 제공하는 의료 서비스 내용도 크게 달라진다. 이 차이를 근거로 의료기관 그룹을 나눈 뒤 데이터 분석을 할 필요가 있다.

언뜻 보기에는 비슷해 보이지만 실제로는 다른 제품이나 서비스를 제공하는 산업에서도 '같은 성질의 정보'와 '다른 성질의 정보'를 구분해야 할 때가 있다. 예를 들어 생명보험회사와 손해보험회사는 양쪽 모두 보험 서비스를 제공하는 회사이므로 같은 선상에서 논의할 때가 있다. 하지만 자세히 살펴보면 생명보험회사 쪽이 종신보험이나 100세 만기 정기보험 등 취급하는 보험 기간이 압도적으로 길다. 즉, **자산운용 기간을 놓고 봤을 때 생명보험은 대부분 초장기** 상품인데 비해 **손해보험은 비교적 단기** 상품으로 큰 차이를 보인다. 이 차이를 무시하고 각 보험사의 자산 운용 데이터를 그래프에 표시해 분석한다면 잘못된 결과로 이어질 수도 있다.

마찬가지로 금융업계도 대형은행, 지방은행, 특수은행, 상호저축은행, 신용조합 등이 존재하며, 각기 업무 내용에도 큰 차이가 있다. 따라서 회사 단위의 데이터를 취급할 때는 업체별 업태와 규모에 맞춰 데이터를 구분할 필요가 있다.

특정 데이터를 근거로 경향을 분석하거나 미래 동향을 예측할 때는 먼저 **각 데이터의 모집단이 동일한 성질인지를 확인**해야 한다. 다양한 정보를 놓고 검토할 때는 해당 정보가 동일한 성질을 가진 정보인지 아닌지 생각하는 습관을 기르자.

'설문조사 결과'는
어디까지 신뢰할 수 있나?

: '표본 선정 방법'에 따라 조사 결과가 바뀐다

설문조사 결과를 해석할 때는 주의해야 한다. 설문조사의 목적은 많은 사람의 의견을 수렴하는 것이다. 일반적으로 모은 응답을 표나 그래프를 사용해 정리한 뒤 해설을 붙여 발표한다. 그러면 설문조사 결과를 해석할 때는 어떤 부분에 주의해야 할까?

언론은 때때로 **여론조사**를 한다. 여론조사는 무작위로 추출한 일정 인원에게 설문조사를 실시해 응답을 받는 **표본조사** 형태로 이뤄진다. 무작위로 선정한 사람을 **표본**이라고 하며, 여론을 형성하는 일반 대중을

모집단이라고 한다. 일반적으로 표본은 모집단을 대표한다고 여긴다. 표본조사를 할 때는 몇 명에게 설문조사를 해야 신뢰도를 확보할 수 있는지 통계 이론을 사용해 명확히 정해야 한다(앞으로 살펴볼 예에서는 조사 대상인 모집단이 샘플 수보다도 훨씬 크다고 가정한다).

예를 들어 현 정권의 지지율을 추정하려고 유권자를 대상으로 여론조사를 한다고 하자. 유권자 천 명 중 오백 명이 '지지한다'고 응답했다. 이때는 '지지율 50%'라고 보도한다. 다만 이 지지율에는 오차가 포함돼 있다. 엄밀히 말하면 "지지율은 50%로 추정되며, 95% 확률로 오차 범위 3.1% 이하다."라는 식으로 표현하는데, 감이 잘 오지 않는 표현이다. 이처럼 **표본조사에는 오차가 생길 수밖에 없다.** 그래서 **샘플 수를 크게 잡아서 오차를 줄이는 방법**을 생각할 수 있다.

지지율 오차를 1%까지 줄이려면 몇 명에게 설문조사를 해야 할까? 통계 이론상 9,604명에게 설문조사를 해야 한다. 즉, 설문조사 대상자 수를 약 10배 늘려야 한다. '조사 결과가 5대 5가 아니라 한쪽으로 기울 것'이라고 예상될 때는 설문조사 대상자 수를 줄일 수 있다. 예를 들어 설문조사 이전에 수행한 사전 조사 결과 지지율이 20% 정도라고 예상될 때, '95% 확률로 오차율 1% 이하'로 설문조사를 구성하려면 필요한 사람 수는 6,147명이다(두 가지 예시 모두 대상 인원 계산 방법 설명은 생략하겠다).

표본조사에서는 샘플 수를 크게 잡아 오차를 줄이는 것과 함께 **샘플을 무작위로 추출하는 것이 중요**하다. 서울에 사는 30대 남성 회사원만을 대상으로 설문조사를 한다면 샘플을 무작위로 추출했다고는 할 수 없을 것이다. 언론 기관의 여론조사에서 '**층화 이단 임의추출법**^{two stage stratified random sampling}'이라는 말을 들어본 사람도 있을 것이다. 이 방식에서는 전국을 먼저 몇 개의 블록으로 나눈다. 그 다음 블록마다 도시 규모나 산업별 취업 인구 구성비 등을 사용해서 시군구나 읍면동 같은 행정 단위를 일정한 개수의 계층으로 분류한다. 그 뒤 각 블록의 인구 크기에 비례해 각 계층에서 무작위로 조사 대상 지역을 추출한다. 그 다음 조사 대상 지역마다 일정 수만큼 무작위로 샘플을 추출한다. 이렇게 하면 샘플을 무작위로 추출할 수 있다.

미국의 사례를 보자. 예전에 어느 언론사가 무작위로 전화를 걸어서 설문조사를 하는 여론조사를 했다. 그런데 이 방법으로는 발신자가 누구인지 알 수 있어서 거의 전화를 받지 않는 고소득층과 전화기가 아예 없는 저소득층이 설문조사에서 누락돼 응답자가 중간소득층으로만 한정됐다고 한다. 유선 전화 가입자가 감소하고 대부분의 사람이 스마트폰 등 휴대전화를 사용하는 현대 사회에서 기존처럼 유선 전화를 사용한 설문 방법이 적절한지 다시 검토해봐야 할 것이다.

표본조사로 사람들의 의견을 수렴하는 방법은 효과적이다. 다만 **표본의 '수'와 '추출 방법'에 따라 결과가 바뀔 수 있다는 점은 절대 잊어서는** 안 된다. 설문조사 결과를 있는 그대로 받아들일 것이 아니라 **설문조사 결과의 오차나 배경이 되는 표본이 타당한지 유연하게 사고하는 것이 중요**하다.

기업 미래에 필요한
'메타전략'을 생각해본다

: '진화적으로 안정한 전략'을 선택해 쓸데없이 적을 만들지 않는다

전 세계 곳곳에서 경쟁이 계속 확대되고 있다. 산업계에서는 상품 판매와 이익을 늘리고자 기업 간 경쟁이 벌어진다. 정치계에서는 각 정당이 자신만의 정책을 실현하며 지지율을 높이려고 경쟁한다. 조직 내부에서는 부문 간 경쟁이 벌어지며, 부문 내에서는 개인 간 경쟁이 벌어진다. 온갖 생명체에게도 경쟁은 살아남는 데 피할 수 없는 숙명이다.

경쟁을 할 때는 **상황에 맞는 적절한 전략을 선택하는 것이 중요**하다. '게임 이론game theory'이란 이런 경쟁 환경과 전략을 연구하는 학문이다. 경쟁

환경별로 다양한 전략을 검토할 수 있다. 구체적으로 살펴보자.

예를 들면 **'진화적으로 안정한 전략**ESS, Evolutionarily Stable Strategy**'**이 있다. 진화적으로 안정한 전략이란 특정 집단에서 모든 경쟁자가 해당 전략을 선택하면 집단 외부에서 다른 전략을 가진 경쟁자가 나타났다 하더라도 침입을 막을 수 있는 전략이다. 진화적으로 안정한 전략을 선택하면 **경쟁을 유리하게 전개할 수 있다.**

처음 만난 사람과 인사할 때를 생각해보자. 한국에서는 인사할 때 고개를 숙여 인사하는 것이 일반적이다. 이런 문화를 가진 한국인이라 하더라도 미국에 갔을 때는 고개를 숙여 인사하기보다는 악수할 때가 많다. 미국에서는 악수가 일반적인 인사 방법이기 때문이다. 반대로 미국 사람이 한국에 왔을 때는 고개를 숙여 인사할 때가 많다. 인사를 놓고 보면 **한국에서는 고개를 숙이는 것이, 미국에서는 악수가 안정적인 전략**이라 할 수 있다.

다음으로 제약 회사의 경쟁을 생각해보자. 제약 업계는 의약품 개발과 제조 경쟁이 치열하기로 유명하다. **'신규개발전략'**을 취한 뒤 신약 개발에 성공하면 특허로 일정 기간 시장을 독점할 수 있다. 다만 신약 개발에는 막대한 비용이 들어가며, 반드시 성공이 보장되는 것은 아니다. 이와는 대조적으로 다른 회사가 개발한 약의 복제약(제네릭 의약품)을 제조해 해당 회사의 특허 기간이 끝남과 동시에 낮은 가격에 판매하는 **'2번타자전략'**을 선택하는 방법도 생각해볼 수 있다.

가령 신규개발전략을 취하는 회사가 A사뿐이라고 해보자. 이때 A사는 다른 회사에 약 개발의 선두를 빼앗길 염려 없이 차분히 신약 개발 연구를 한다. 그 결과 어느 시점엔 신약 개발에 성공해 이익을 올릴 수 있을 것이다. 한편 2번타자전략을 취한 다른 회사는 냉혹한 판매 경쟁이 계속 확대될 것이므로 얻을 수 있는 이익이 제한될 것이다. 반대로 2번타자전략을 취한 회사가 B사뿐이라고 해보자. 이때는 신규개발전략을 취한 여러 회사 중 개발에 성공한 회사만이 이익을 내고, 나머지 회사는 이익을 내지 못한다. 그에 비해 B사는 복제약을 판매해 확실하게 이익을 낼 수가 있다.

이처럼 제약 업계의 의약품 개발과 제조 경쟁에서는 신규개발전략과 2번타자전략 모두 진화적으로 안정한 전략이 될 수는 없다. 그럼 이런 경쟁 관계에서 진화적으로 안정한 전략이란 어떤 것일까? 이 질문의 답은 신규개발전략과 2번타자전략을 상황에 맞게 선택해 사용하는 '혼합전략'이다. 혼합전략이란 다른 경쟁자의 전략을 살펴본 뒤 먼저 적절하다고 생각되는 전략 두 개를 선택한 다음, 두 전략 중 선택한 회사가 적은 전략의 비중을 높이는 것이다. 이런 혼합전략에서는 다음과 같은 세 가지 요소가 성공의 열쇠다.

① 다른 경쟁자 관찰
② 자신의 전략을 상황에 맞춰 재빨리 변경
③ 장기적으로 이익을 얻음

의약품 개발에서 유리한 전략이란?

신규개발전략

A사만
채택

언젠가는 개발에 성공
이익 증가!

다른 회사는
냉혹한 판매 경쟁,
이익은 제한적

2번타자전략

B사만
채택

복제약 판매
이익 증가!

다른 회사는
개발에 성공한 회사만
이익을 얻을 수 있음

두 가지 전략을 함께
사용하는 것이 현명하다!

실제로 혼합전략을 추진하려면 '어느 전략을 채택할지를 결정하기 위한 전략'이 필요하다. 이러한 전략은 지금까지 봐온 단순한 전략보다도 한 차원 더 높은 것으로, **'메타전략'**이라고 한다. 실제로 많은 기업이 메타전략을 도입할지 검토해야 한다.

자신이 선택한 전략이 도대체 어느 전략인지 되돌아보자. 진화적으로 안정한 전략이라면 해당 전략을 유지하며 경쟁을 계속하는 게 좋을 것이다. 진화적으로 안정한 전략이 아닐 때는 해당 전략을 변경해야 한다. 다른 사람의 전략을 참고해서 먼저 어떤 전략을 선택할 수 있을지 선별해서 정리한다. 어떤 상황이 닥쳤을 때는 어느 전략이 효과적인지 **생각해보는 습관**을 갖자. 그러다 보면 자연스럽게 메타전략의 도입을 검토할 수 있게 된다.

어디까지가 '정상'이고, 어디부터가 '이상'인가?

: 상식을 의심하며 '스스로 생각하는' 방법

어디까지가 정상이고, 어디부터가 이상일까? 그 선을 어떻게 그어야 할지는 주관적인 판단에 휘둘리기 쉽다. 통계학에서는 **이를 객관적으로 판별하는 방법**이 있다. 이런 방법을 배워두는 것도 유연하게 생각하는 힘을 키우는 데 유용할 것이다.

통계를 낼 때 모집단에서 추출한 데이터는 다양한 분포를 보인다. 그래 서 데이터 분포도를 그리거나 평균과 표준편차(데이터가 평균값 주변에 어 떻게 흩어져 있는지를 나타내는 값)를 계산해서 모집단의 특징을 파악한다.

이때 문제가 되는 것이 '**이상점**'이라는 것이다. 이상점은 다른 데이터와 비교해 볼 때 지나치게 크거나 반대로 지나치게 작은 수치를 가진 데이터다. 예를 들어 사람의 키 데이터를 모았는데 2.3미터라는 값이 나왔다면 이에 해당한다.

특정 데이터가 다른 데이터에 비해 현저하게 클 때는 해당 데이터를 이상점으로 간주해 대상 데이터에서 제외할지 여부를 검토한다. 그러나 제외 여부를 검토하는 일은 간단치 않다. 통계 담당자가 "이 데이터는 아무래도 다른 데이터 값과 현저하게 차이가 나므로 이상점으로 간주하겠다."라는 식으로 **주관적으로 판단할 수는 없기 때문**이다. 이렇게 주관적으로 판단하면 이후 담당자가 바뀔 때마다 이상점 판정이 바뀌어 버려 사태를 수습하지 못할 수도 있다. 그래서 **객관적으로 이상점을 판정하는 여러 가지 방법**이 마련돼 있다.

먼저 **평균과 표준편차를 사용하는 방법**이 있다. 이는 먼저 문제의 데이터를 제외하고 남은 데이터에서 평균과 표준편차 값을 계산한 다음, 문제의 데이터가 '평균에서 표준편차 값의 3배 이상 떨어져 있으면 이상점으로 판정'하는 방법이다. 다만 데이터 수가 적으면 평균값이 안정되지 않으므로 이상점 판단이 어려워지는 문제가 있다.

그 외에도 **데이터의 사분위수**^Quartile**를 사용하는 방법**이 있다. 데이터를 큰 것부터 순서대로 나열하면 전체의 4분의 1과 4분의 3에 해당하는 데이터가 정해진다. 이 두 데이터를 **제1사분위수, 제3사분위수**라고 한다. 두 사분위수 간 차의 1.5배를 제1사분위수에 더한 뒤 이보다 큰 데이터

를 이상점으로 판정한다. 마찬가지로 두 사분위수 간 차의 1.5배를 제3
사분위수에서 뺀 뒤 이보다 작은 데이터를 이상점으로 판정한다.

사람의 키를 예로 들어보자. 여러 사람을 대상으로 키가 얼마인가 수집
했더니 제1사분위수가 1.8m, 제3사분위수가 1.6m였다고 하자. 두 사
분위수의 차인 0.2m의 1.5배, 즉 0.3m를 제1사분위수에 더한 2.1m
보다 큰 데이터는 이상점으로 판정한다. 이에 따라 2.3m라는 데이터
는 이상점으로 판정한다. 그러나 이 방법을 사용할 때 데이터가 중앙에
몰려 있다면 두 사분위점의 차이가 작아져서 이상점이 다수 발생하는
문제가 있다. 이처럼 이상점 판정을 기계적으로 하기는 의외로 어렵다.
데이터로 산포도[1]를 그려본 뒤 해당 데이터가 집단 전체에서 어떻게
벗어나 있는가를 확인하는 것이 제대로 판정을 내리는 방법이다.

다음으로 키와 몸무게처럼 데이터가 두 가지 값으로 이뤄질 때를 생각
해보자. 키와 몸무게 평균이 동일한 어떤 두 성인 집단이 있다. 이 두
집단을 놓고 가로축은 키, 세로축은 몸무게로 해서 데이터 산포도를 그
려본다(240페이지 그래프 참조).

왼쪽 산포도에서 볼 수 있는 데이터 A는 양쪽 집단에 포함된 동일 인물
의 데이터로, 키는 집단 평균보다 상당히 크지만 몸무게는 집단의 평균
과 같다. 이때 각 집단에서 데이터 A를 이상점으로 판정해야 할까? 이

---

1   산포도: 데이터가 흩어져 있는 정도를 하나의 수로 나타낸 값으로, 통계학에서 많이 이용되는 용어
    다. 산포도가 크면 변량들이 평균으로부터 멀리 흩어져 있고, 산포도가 작으면 변량들이 평균 주위에
    밀집돼 있다. – 옮긴이

키와 몸무게 산포도를 살펴보자

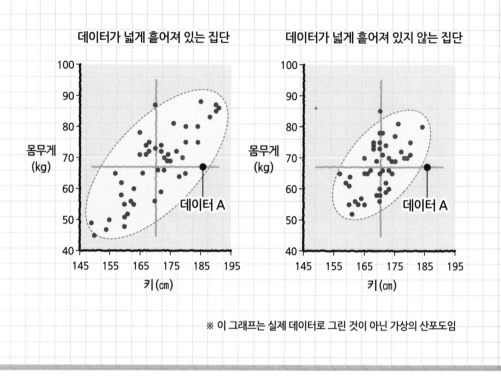

데이터가 넓게 흩어져 있는 집단

데이터가 넓게 흩어져 있지 않은 집단

※ 이 그래프는 실제 데이터로 그린 것이 아닌 가상의 산포도임

럴 때는 데이터 평균 위치(산포도에서 십자선의 교차점)에서 볼 때 해당 데이터가 다른 데이터에 비해 어느 정도 떨어진 장소에 있는가를 생각해야 한다. 그러려면 평균과의 거리를 정의해서 계산한 뒤, 해당 거리가 일정 값 이상일 때는 이상점으로 판정한다.

산포도에서 기울어진 점선으로 나타낸 타원은 평균에서 같은 거리만큼 떨어진 위치를 나타낸다. 이 점선 밖에 있는 데이터를 이상점으로 판정한다. 이상점 판정 기준을 정하고 나면 타원의 크기를 어떻게 설정할지가 문제로 남는다. 240페이지 그림에서는 데이터 전체의 95%가 점선으로 나타낸 타원 안에 들어오도록 타원의 크기를 설정했다. 그 결과 데이터 A는 데이터가 넓게 흩어져 있는 집단에서는 이상점으로 판정되지 않았으나, 데이터가 좁게 모여 있는 집단에서는 이상점으로 판정된다.

계산 과정에서 나온 거리는 흔히 생각하는 고정된 값을 가진 거리[2]와는 다른 개념으로, 데이터의 분포 상황에 맞춰 변화하는 특징이 있다. 이 거리는 해당 방법을 최초로 제창한 인도의 통계학자의 이름을 따서 '마할라노비스 거리Mahalanobis distance'라고 한다. 일반적으로 **절대적인 기준인 거리**라는 개념이 **통계에서는 상대적인 척도**로 사용된다. 이상점을 판정할 때는 집단 내에서 상대적인 위치 관계가 중요하다. 이를 위해 통계에서는 거리라는 개념까지도 상대적인 것으로 바꿔 정의해 놓았다.

이처럼 통계에서는 어느 부분까지를 이상異常이라고 볼지 판정하기 위해 **거리라는 상식적인 개념까지도 재정의할 때가 있다.** 또한 "당연하다고 생각했던 것이 실은 그렇지 않더라."고 말할 때가 있다. '상식을 의심하라'는 말처럼 때로는 대담하게 **상식을 재검토해보는 것**도 필요하지 않을까? 그 과정에서 새로운 사고 방법을 찾게 될지도 모른다.

---

2 유클리디안 거리(Euclidean distance)라고 한다. – 옮긴이

'스스로의 머리로 생각하는 힘'을
즐겁게 단련하자!

이 책을 끝까지 읽어줘서 고맙다.

직장에서나 일상생활의 다양한 상황에서 '통계사고'라는 사고 방법을 응용할 수 있다는 점을 알게 됐을 것이다.

최근에는 컴퓨터와 인공지능^{AI} 기술이 발달해 빅데이터로 불리는 방대한 양의 정보를 간단하게 처리할 수 있게 됐다. 불과 몇 년 전과 비교해도 통계 처리를 하기 쉬워져 결과를 간단하게 얻을 수 있다. 그렇지만 컴퓨터는 데이터를 처리할 수 있어도 생각하는 것까지 해주지 않는다. 통계 데이터의 '결과 의미를 읽고 해석해 판단하는 것', 즉 생각하는 것은 우리 사람의 역할이다.

인공지능이 통계 데이터 결과를 해석해주는 시대가 오고 있다. 하지만 '생각하고 판단'하는 사람의 역할이 가벼워지는 일은 없을 것이다.

통계사고의 '주역은 어디까지나 사람'이다.

컴퓨터가 발전하더라도 '자신의 머리로 생각하는 힘'을 단련하는 것이 중요하다고 생각한다. 이 책에는 곳곳에 통계사고로 생각하는 즐거움을 담았다. 이 책이 여러분의 생각하는 힘을 키우는 데 도움이 된다면 지은이로서 더할 나위 없이 행복할 것이다.

찾아보기

나는 통계적으로 판단한다

재밌게 단련하는 35가지 레슨

발 행 | 2020년 7월 31일

지은이 | 시노하라 타쿠야
옮긴이 | 이 승 룡 · 김 성 윤

펴낸이 | 권 성 준
편집장 | 황 영 주
편 집 | 조 유 나
디자인 | 박 주 란

에이콘출판주식회사
서울특별시 양천구 국회대로 287 (목동)
전화 02-2653-7600, 팩스 02-2653-0433
www.acornpub.co.kr / editor@acornpub.co.kr

한국어판 ⓒ 에이콘출판주식회사, 2020, Printed in Korea.
ISBN 979-11-6175-431-4
http://www.acornpub.co.kr/book/statistics-thinking2

이 도서의 국립중앙도서관 출판시도서목록(CIP)은 서지정보유통지원시스템 홈페이지(http://seoji.nl.go.kr)와
국가자료공동목록시스템(http://www.nl.go.kr/kolisnet)에서 이용하실 수 있습니다.(CIP제어번호: CIP2020028661)

책값은 뒤표지에 있습니다.

코로나19 바이러스

"친환경 99.9% 항균잉크 인쇄"

전격 도입

언제 끝날지 모를 코로나19 바이러스

99.9% 항균잉크(V-CLEAN99)를 도입하여 「안심도서」로

독자분들의 건강과 안전을 위해 노력하겠습니다.

본 도서는 항균잉크로 인쇄하였습니다.

항균+
99.9%
안심도서

항균잉크(V-CLEAN99)의 특징

- ◉ 바이러스, 박테리아, 곰팡이 등에 항균효과가 있는 산화아연을 적용
- ◉ 산화아연은 한국의 식약처와 미국의 FDA에서 식품첨가물로 인증받아 **강력한 항균력**을 구현하는 소재
- ◉ 황색포도상구균과 대장균에 대한 테스트를 완료하여 **99.9%의 강력한 항균효과** 확인
- ◉ 잉크 내 중금속, 잔류성 오염물질 등 유해 물질 저감

TEST REPORT

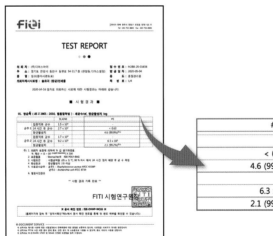

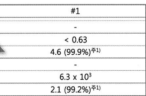

	#1
	-
	< 0.63
	4.6 (99.9%)주1)
	-
	6.3 x 10³
	2.1 (99.2%)주1)

Clean Zone

SD에듀
(주)시대고시기획